丛书总主编　陈宜瑜
丛书副总主编　于贵瑞　何洪林

中国生态系统定位观测与研究数据集

农田生态系统卷
新疆阿克苏站
（2008—2015）

郝兴明　盛　钰　主编

中国农业出版社
北京

丛书指导委员会

顾　　问	孙鸿烈	蒋有绪	李文华	孙九林			
主　　任	陈宜瑜						
委　　员	方精云	傅伯杰	周成虎	邵明安	于贵瑞	傅小峰	王瑞丹
	王树志	孙　命	封志明	冯仁国	高吉喜	李　新	廖方宇
	廖小罕	刘纪远	刘世荣	周清波			

丛书编委会

主　　编	陈宜瑜					
副 主 编	于贵瑞	何洪林				
编　　委	（按拼音顺序排列）					
	白永飞	曹广民	常瑞英	陈德祥	陈　隽	陈　欣	戴尔阜
	范泽鑫	方江平	郭胜利	郭学兵	何志斌	胡　波	黄　晖
	黄振英	贾小旭	金国胜	李　华	李新虎	李新荣	李玉霖
	李　哲	李中阳	林露湘	刘宏斌	潘贤章	秦伯强	沈彦俊
	石　蕾	宋长春	苏　文	隋跃宇	孙　波	孙晓霞	谭支良
	田长彦	王安志	王　兵	王传宽	王国梁	王克林	王　堃
	王清奎	王希华	王友绍	吴冬秀	项文化	谢　平	谢宗强
	辛晓平	徐　波	杨　萍	杨自辉	叶　清	于　丹	于秀波
	曾凡江	占车生	张会民	张秋良	张硕新	赵　旭	周国逸
	周　桔	朱安宁	朱　波	朱金兆			

中国生态系统定位观测与研究数据集
农田生态系统卷·新疆阿克苏站

编 委 会

主 编　郝兴明　盛　钰

编 委　李新虎　李　君　李国振　施枫芝

进入 20 世纪 80 年代以来，生态系统对全球变化的反馈与响应、可持续发展成为生态系统生态学研究的热点，通过观测、分析、模拟生态系统的生态学过程，可为实现生态系统可持续发展提供管理与决策依据。长期监测数据的获取与开放共享已成为生态系统研究网络的长期性、基础性工作。

国际上，美国长期生态系统研究网络（US LTER）于 2004 年启动了 Eco Trends 项目，依托 US LTER 站点积累的观测数据，发表了生态系统（跨站点）长期变化趋势及其对全球变化响应的科学研究报告。英国环境变化网络（UK ECN）于 2016 年在 *Ecological Indicators* 发表专辑，系统报道了 UK ECN 的 20 年长期联网监测数据推动了生态系统稳定性和恢复力研究，并发表和出版了系列的数据集和数据论文。长期生态监测数据的开放共享、出版和挖掘越来越重要。

在国内，国家生态系统观测研究网络（National Ecosystem Research Network of China，简称 CNERN）及中国生态系统研究网络（Chinese Ecosystem Research Network，简称 CERN）的各野外站在长期的科学观测研究中积累了丰富的科学数据，这些数据是生态系统生态学研究领域的重要资产，特别是 CNERN/CERN 长达 20 年的生态系统长期联网监测数据不仅反映了中国各类生态站水分、土壤、大气、生物要素的长期变化趋势，同时也能为生态系统过程和功能动态研究提供数据支撑，为生态学模型的验证和发展、遥感产品地面真实性检验提供数据支撑。通过集成分析这些数据，CNERN/CERN 内外的科研人员发表了很多重要科研成果，支撑了国家生态文明建设的重大需求。

近年来，数据出版已成为国内外数据发布和共享，实现"可发现、可访问、可理解、可重用"（即 FAIR）目标的重要手段和渠道。CNERN/CERN 继 2011 年出版"中国生态系统定位观测与研究数据集"丛书后再次出版新一期数据集丛书，旨在以出版方式提升数据质量、明确数据知识产权，推动融合专业理论或知识的更高层级的数据产品的开发挖掘，促进CNERN/CERN 开放共享由数据服务向知识服务转变。

该丛书包括农田生态系统、草地与荒漠生态系统、森林生态系统及湖泊湿地海湾生态系统共 4 卷（51 册）以及森林生态系统图集 1 册，各册收集了野外台站的观测样地与观测设施信息，水分、土壤、大气和生物联网观测数据以及特色研究数据。本次数据出版工作必将促进 CNERN/CERN 数据的长期保存、开放共享，充分发挥生态长期监测数据的价值，支撑长期生态学以及生态系统生态学的科学研究工作，为国家生态文明建设提供支撑。

2021 年 7 月

　　科学数据是科学发现和知识创新的重要依据与基石。大数据时代，科技创新越来越依赖于科学数据综合分析。2018 年 3 月，国家颁布了《科学数据管理办法》，提出要进一步加强和规范科学数据管理，保障科学数据安全，提高开放共享水平，更好地为国家科技创新、经济社会发展提供支撑，标志着我国正式在国家层面开始加强和规范科学数据管理工作。

　　随着全球变化、区域可持续发展等生态问题的日趋严重以及物联网、大数据和云计算技术的发展，生态学进入了"大科学、大数据"时代，生态数据开放共享已经成为推动生态学科发展创新的重要动力。

　　国家生态系统观测研究网络（National Ecosystem Research Network of China，简称 CNERN）是一个数据密集型的野外科技平台，各野外台站在长期的科学研究中积累了丰富的科学数据。2011 年，CNERN 组织出版了"中国生态系统定位观测与研究数据集"丛书。该丛书共 4 卷、51 册，系统收集整理了 2008 年以前的各野外台站元数据，观测样地信息与水分、土壤、大气和生物监测以及相关研究成果的数据。该丛书的出版，拓展了 CNERN 生态数据资源共享模式，为我国生态系统研究、资源环境的保护利用与治理以及农、林、牧、渔业相关生产活动提供了重要的数据支撑。

　　2009 年以来，CNERN 又积累了 10 年的观测与研究数据，同时国家生态科学数据中心于 2019 年正式成立。中心以 CNERN 野外台站为基础，生态系统观测研究数据为核心，拓展部门台站、专项观测网络、科技计划项目、科研团队等数据来源渠道，推进生态科学数据开放共享、产品加工和分析应用。为了开发特色数据资源产品、整合与挖掘生态数据，国家生态科学数据中心立足国家野外生态观测台站长期监测数据，组织开展了新一版的观测与研究数据集的出版工作。

本次出版的数据集主要围绕"生态系统服务功能评估""生态系统过程与变化"等主题进行了指标筛选，规范了数据的质控、处理方法，并参考数据论文的体例进行编写，以翔实地展现数据产生过程，拓展数据的应用范围。

该丛书包括农田生态系统、草地与荒漠生态系统、森林生态系统以及湖泊湿地海湾生态系统共4卷（51册）以及图集1本，各册收集了野外台站的观测样地与观测设施信息，水分、土壤、大气和生物联网观测数据以及特色研究数据。该套丛书的再一次出版，必将更好地发挥野外台站长期观测数据的价值，推动我国生态科学数据的开放共享和科研范式的转变，为国家生态文明建设提供支撑。

2021 年 8 月

FOREWORD

前 言

国家生态系统观测研究网络（CNERN）是一个数据密集型的野外科技平台，为了进一步推动国家野外台站对历史资料的挖掘与整理，强化国家野外台站信息共享系统建设，丰富和完善国家野外台站数据库的内容，促进国家站长期观测数据的共享服务。在国家科技基础条件平台建设"国家生态系统观测研究共享服务平台"项目的支撑下，国家生态系统观测研究网络（CNERN）决定在 2011 年出版的《中国生态系统定位观测与研究数据集》丛书基础上，组织开展 CNERN 新的观测与研究数据集的出版工作，以国家生态服务评估、大尺度生态过程和机理研究等重大需求为导向，从特色数据资源产品开发、生态数据深度服务等方面需求出发，对近十年积累的观测和研究数据进行挖掘整理，为我国生态系统研究和相关生产活动提供重要的数据支持。

1982 年中国科学院新疆生态与地理研究所在塔里木盆地北部建立了阿克苏水平衡试验站，以定位观测、试验研究与示范为主，系统探索干旱内陆河流域水热状况基本规律及其与自然环境变迁的关系，探求以发展绿洲农业为主导的水资源合理开发利用、节水灌溉技术及盐碱地治理等问题，截至 2021 年已积累了 30 多年宝贵的农田生态系统水、土、气、生等基础数据资料，为了便于有关部门和同行们使用，以整理、搜集和共享阿克苏站监测和研究数据的精华为宗旨，在国家站综合中心统一部署下，对本站水、土、气、生监测指标及特色研究进行筛选与数据挖掘整理的基础上，形成本站规范化的水、土、气、生监测数据产品及特色研究数据产品。内容涵盖阿克苏站观测场地和样地信息、观测设施信息、2008—2015年 CNERN 的长期监测数据（水、土、气、生）和特色研究数据。

本数据集在编写过程中得到了阿克苏全站职工的大力支持和帮助。本数据集第 1 章、第 2 章和第 4 章由盛钰编写，第 3 章由盛钰、李国振编写。同时参编人员有郝兴明、李新虎、李君、施枫芝等。全书由盛钰统稿，郝兴明和李新虎审核指导。虽然数据产品已经过了精细和严谨的统计计算和校核，但受多种主客观因素限制，部分数据记录不完整而未收录进来，书中难免存在一些疏漏之处，敬请读者批评指正。

本数据集可供大专院校、科研院所和对其涉及的研究领域或区域感兴趣的广大科技工作者等使用或作为参考用书。

在本数据集汇编完成之际，我们对长期以来指导和支持阿克苏站野外观测试验的各位专家学者表示崇高的敬意和衷心的感谢！同时，我们也很感谢长期坚守一线的科研人员和监测人员，正是他们的辛勤耕耘和无私奉献，使我们取得了大量宝贵的第一手资料，奠定了这本数据集的基础。

编委会

2022 年 4 月

CONTENTS

目　录

第 1 章

引　言

1.1　台站简介

1.1.1　自然概况

阿克苏绿洲农田生态系统观测试验站位于新疆阿克苏，距乌鲁木齐市 1 100 km，距阿克苏市 80 km，地理坐标：E 80°51′，N 40°37′，海拔 1 028 m。阿克苏站位于塔里木河三大源流（阿克苏河、叶尔羌河、和田河）交汇点附近的平原荒漠——绿洲区内，水系变迁剧烈，水分消耗量大。气候属于暖温带干旱型，与同纬度地区相比，夏季温度偏高，冬季偏低，春秋季节气温升降剧烈，常常出现春季低温和秋季过早降温。该站所处平原地区年平均降水量为 45.7 mm，水分供给依靠高山降水和冰雪消融，多年平均气温为 11.2℃，无霜期 207 d，全年日照数 2 940 h，日照率 66%，年平均风速 2.4 m/s，春季有浮尘，夏季有冰雹，有时出现夏季持续高温天气；农作物一年一熟制，主要作物有棉花、水稻等。

阿克苏站所在的绿洲代表了暖温带干旱区绿洲农田生态系统类型，是世界极端干旱区的代表区域，是世界盐碱土博物馆，也是欧亚大陆胡杨林分布保存最完整的区域和塔里木河干流的源头，属于我国最大的棉花生产基地和唯一的长绒棉生产基地。

1.1.2　区域和生态系统代表性

阿克苏站位于我国最大内陆河——塔里木河的平原荒漠-绿洲区内，所在区域是塔里木盆地极端干旱背景条件下分布的最大绿洲，也是我国最大的棉花生产区。历史上这里是塔里木盆地水系变迁最剧烈的区域，也是塔里木河流域农田水分消耗最大的区域，是监测与研究极端干旱区绿洲农田生态系统水分、盐分和养分过程变化规律，节水灌溉理论和技术示范体系及绿洲农业可持续发展的理想场所。

阿克苏站代表了世界极端干旱区农田生态系统类型，是国家在干旱环境领域唯一的长期研究水平衡的野外站，其近 40 年的水面蒸发、湖泊水面蒸发、潜水蒸发观测试验与研究成果已经成为相关学科研究的参照数据，对干旱区平原水库建设和农田节水灌溉具有重要的指导意义，负有为国家战略任务提供试验和研究场地的责任。依托本站完成的《塔里木河流域整治与生态环境保护研究》获自治区科学技术进步一等奖、国家科学技术进步二等奖，为中共中央、国务院关于塔里木河干流整治 107 亿项目立项提供了重要依据。

阿克苏站开展的绿洲农田生态系统水分、盐分、养分过程的长期监测以及区域尺度上的生态水文过程研究，对揭示极端干旱区绿洲稳定性的维持机制、建立国际先进的高效节水农业技术示范体系、协调区域生产用水与生态用水的平衡具有重大意义，是国际干旱区地理学、生态学等学科研究中不可替代的野外观测与研究平台。

1.2　研究方向

瞄准国际极端干旱区研究发展前沿，面向绿洲农业可持续发展的战略需求，以水循环过程为核心，开展资源生态环境相关要素（包括水、土、气、生）的长期定位监测、基础数据的积累与绿洲资源生态环境演化趋势分析和预测；研究绿洲农业生态系统的结构、功能和生产率以及各种亚系统（水、土、气、生）及其之间的物质循环过程与能量转换规律及相关调控理论；开发节水、节肥、节地新技术体系；构建绿洲农业可持续发展模式，并进行试验示范。为干旱区绿洲生态环境建设、资源持续利用、农业结构和布局的优化及其相关技术的发展提供理论依据和示范优化模式。

1.3　基本任务

构建流域尺度水、土、气、生要素长期定位监测平台，提升干旱内陆河流域山地-绿洲-荒漠系统生态过程与演变规律的认识；针对流域水安全、生态安全与资源可持续利用的国家重大需求，解决水-生态-经济协调发展的关键科学问题；依托阿克苏站的长期定位观测与试验，通过应用基础的系统研究，创新和发展现代地理科学和生态学理论，在不断取得原创性成果的基础上，将阿克苏站建成极端干旱区重要的绿洲农田生态系统研究基地、试验示范基地和人才培养基地；充分发挥地域特色，扩大联网研究，加速成果转化，创建具有鲜明地域特色的国际一流观测研究站，引领丝绸之路沿线国家生态系统管理与农业可持续发展的国际交流与合作。

围绕建站目标，以绿洲农田地表水循环过程及其生态环境效应为核心，探索变化环境条件下（尤其是高强度人类活动作用）绿洲农业发展对流域水循环过程的影响及其相关的生态过程变化规律。重点研究"地表水-土壤-植物-大气"水文界面过程、绿洲农田生态系统关键生态过程、荒漠区生态水文过程及其相互关系。通过以流域为平台的长期试验分析和数值模拟等手段，绿洲农业区水循环及生态过程演变的科学规律，在不断取得原创性研究成果的基础上，为解决水资源短缺、农业节水、土地退化、河流生态建设、绿洲农业可持续发展等国家需求提供了科学依据。

1.3.1　绿洲农田生态系统水、热、盐交换过程与规律

通过试验站点的观测实验、长期生态断面监测，研究不同植被、土地利用条件下水分、能量和物质迁移和交换过程，建立"地下水-土壤-植被-大气"的水、热、溶质迁移模型，揭示植物蒸腾及土壤蒸发规律。针对绿洲农业节水问题，研究提出农田水分、养分循环与农业节水新理论、新方法。

（1）以水分、盐分、养分循环过程为核心，开展膜下滴灌的农田水分、盐分、养分循环过程与调控技术集成研究。以国家棉花战略需求下的农业节水灌溉为目标，研究不同作物种植结构、不同灌溉（地面灌溉、喷灌和微灌）方式下，绿洲农田水分、盐分和养分的迁移过程和交换规律，重点研究膜下滴灌的绿洲农田盐碱地改良技术。

（2）在深刻认识土壤-植物-大气各水文界面过程关系的基础上，通过尺度转换，把点的 GSPAC 水分传输模型扩展到流域尺度的 SVAT 水循环模型，模拟绿洲农业发展对流域尺度地表水和地下水的影响，提出绿洲节水与提高绿洲生产力的水土资源高效利用关键技术。

（3）研究流域尺度地表水-地下水联合调度对流域水循环过程的改变而产生的生态环境效应，探索在流域尺度"自然-人工"二元模式下生态过程变化与水循环过程因素之间的定量关系，建立流域尺度地表水-地下水联合调度对流域水循环过程的改变而产生的生态环境效应定量评估指标体系和方法，评估绿洲灌溉农业发展对流域尺度水循环影响的生态效应，预测未来流域水循环过程改变的生态

效应，为流域的水资源合理分配提供科学依据。

1.3.2 绿洲农田关键生态过程规律与调控机制

（1）重点研究不同节水措施下绿洲农田水盐运移过程及区域水盐运移规律，分析影响水盐运移的主要因素，研发节水灌溉条件下土壤盐分运移的调控技术，探索在不同时空尺度上各影响要素的动态变化规律，提出绿洲水盐平衡控制及盐碱地改良技术。

（2）研究主要作物的水分生产函数、作物耗水与光合作用的耦合关系，建立灌溉水-土壤水-植物水间转化效率的计算模式，在减小作物水分散失、提高光合效率和产量及高效利用水资源的目标下，提出适合于流域尺度提高各个水文循环过程水量转化效率的最佳调控途径与节水技术措施。

（3）研究主要作物产量形成的生理生态学过程、农田生态系统养分循环、水肥耦合效应及界面传输过程，重点探索作物-土壤系统水肥热最优配置模式、土-水界面碳/氮通量与迁移规律，提出环境友好的水肥优化管理模式，筛选农田生态系统健康诊断指标，集成农田生态系统稳定高效管理技术体系与示范模式。

（4）研究不同土地利用方式下土壤环境质量演变规律，重点研究绿洲农田土壤生态过程与动态变化，分析农田土壤微生物的作用与影响因素，探索在不同时空尺度上绿洲农田生态系统的稳定性，提出绿洲可持续发展的模式。

1.3.3 绿洲-荒漠区生态水文过程变化研究

以主要植物个体为研究对象，通过长期观测与试验，在个体-群落-景观层次上，研究主要植物的耗水规律，探索区域生态需水的计算方法，尤其是荒漠区生态植被恢复与重建所需生态需水量计算方法，建立流域尺度生态需水的优化计算模式，为流域水资源优化配置提供可能的定量依据。

（1）利用同位素示踪技术、数学模拟技术，研究植物生长与地表水-地下水的相互关系，重点探讨区域尺度地表水-土壤水-地下水的转化过程与调控途径，探讨区域地表水-土壤水-地下水联合调度的模式与技术，揭示内陆河流域尺度水-经济-生态的协调关系。

（2）以塔里木河干流荒漠河岸林为研究对象，研究胡杨和柽柳幼苗生长和存活对水文过程的响应；阐明胡杨和柽柳的繁殖格局和对策；揭示荒漠植被格局与水文过程的耦合机理，为荒漠河岸林生态系统的管理和恢复提供科学依据。

1.3.4 气候变化对流域水循环的影响与适应技术研究

研究气候变化对水循环的影响，诊断气候变化与极端气候事件发生的关系，确定区域气候变化适应性的关键问题，建立区域气候模式驱动的流域水资源系统和生态系统综合适应性评价模型，评估已有水资源利用与管理等方面的适应技术与措施。

通过上述学科建设，构建并发展绿洲农田生态学理论。

1.4 研究成果

围绕学科前沿问题，积极面向国家需求，近 5 年来阿克苏站先后承担了国家重大科技专项、973、科技支撑计划、国家自然科学重点基金、院先导专项、院 STS、国际合作、地方委托等项目共计 80 项，到位总经费达 7 926 万元，极大地提升了阿克苏站的研究水平和社会贡献力。近 5 年来共发表论文 206 篇，其中 SCI/EI 论文 105 篇，CSCD 论文 101 篇，出版专著 2 部，有关干旱灾害多尺度风险评估的研究成果 2018 年发表于 PNAS。获得国家发明专利和实用新型专利 12 项，软件登记 6 项，提交 2 份政府咨询报告，获得领导批示。依托阿克苏站先后获得新疆科技进步一等奖 2 项、二等奖 1

项、三等奖 1 项。与前 5 年相比，阿克苏站申请国家项目总数和到位经费得到了显著提高，极大地提升了阿克苏站的研究水平和社会贡献力，无论是纵向课题还是横向课题经费都有大幅增长，发表论文质量也有大幅提升，表明阿克苏站在科研竞争能力和社会服务能力方面都取得了巨大进步。近 5 年的代表性学术贡献如下：

（1）阐明了内陆河流域山地-绿洲-荒漠系统水、热、盐过程及其相互作用机理，确定了棉花生长耐盐阈值，建立了绿洲棉田水肥热优化管理模式及灌区尺度水盐调控策略，构建了绿洲农业可持续发展理论体系。

（2）基于 973 计划课题"固沙植被稳定性的生态-水文模拟与阈值界定"，建立了中国北方沙区固沙植被的稳定性指标体系，量化了不同沙区的植被稳定性指标，揭示了稳定性与植被-土壤-水文要素的关系及空间分异特征；建立了综合植被、土壤、大气、水文诸要素与固沙植被稳定性的关系模型，确定了固沙植被稳定性维持的生态-水文阈值。

（3）基于多圈层、全要素、多尺度的监测数据，阐明了气候变暖背景下塔里木河流域水循环要素与极值的时空变化特征，揭示了温度、降水、冰川、积雪、蒸散发、径流等各关键要素之间的内联关系，查明了气候变化对水资源影响的归因，基于高分辨率的气候系统模式，预测了未来气候变化情景下水循环过程的响应。

（4）基于气候变化与人类活动的综合影响，识别了干旱内陆河流域水资源量分布与时空演变趋势，阐明了干旱区人工水资源分配过程与自然循环过程的耦合机制，探明了人工取、用、耗、排过程对流域水循环的影响，揭示了流域尺度水-生态-经济协同发展机制。以社会公平、水量保证、减灾防灾、经济理想和生态安全为目标，构建了流域水资源安全配置技术体系，为保障干旱内陆河流域水资源与生态安全提供了技术支撑。

（5）利用稳定同位素技术重力卫星和 GLDAS 陆面数据同化技术，定量识别了塔里木河流域雨、雪、冰"三元"产流过程及径流的组分特征，解析了不同下垫面蒸散发中的土壤蒸发与植被蒸腾组成特点，阐明了不同海拔带地表径流的补给来源及时空变化，揭示了内陆河流域水文循环的机制。该成果获省部级科学技术进步一等奖 2 项。

（6）基于稳定同位素技术，通过荒漠河岸生境模拟和野外连续监测，探明了不同地下水埋深条件地表实际蒸散发及组分变化特征、典型荒漠河岸植物（胡杨、柽柳）水分来源，拓展了有关荒漠河岸植物水分利用策略、水力安全策略的认识。

（7）通过控制实验模拟荒漠河岸水分生境，从个体和群落水平上探讨了地下水变化对荒漠河岸植被演替的驱动机制，拓展了有关荒漠河岸植被格局与水文过程耦合关系的认识，阐明了荒漠河岸植被生态水文机理，研发了关键调控技术。

1.5 支撑条件

目前，阿克苏站站区随着中国科学院的不断投入与建设，已经拥有高水准的试验、监测仪器、设施与生活条件，成为典型的极端干旱背景条件下的水分消耗与转化，平原绿洲农田生态系统演变与发展的监测与研究基地。

1.5.1 试验和观测仪器设备

阿克苏站目前拥有多种型号的水面蒸发池、蒸渗仪、便携式光合测定仪、植物生理及环境监测系统、SF 系列茎流计、自动气象站、土壤入渗仪、水位记录系统、中子水分仪、元素分析仪、流动分析仪、分光光度计、稳定同位素红外光谱仪、多通道土壤碳通量自动测量系统、非饱和导水率测量系统以及节水灌溉设备等监测与研究仪器设备，可以基本满足不同下垫面水热通量、水盐运动、地下水及溶质运移、植物耗水、植物生理生态、沙尘暴及灾害天气观测等学科监测项目和研究的需要。现有仪器、设备的管理和运行情况良好，有专人负责管理。阿克苏站还拥有一个常规分析实验室，一个样品处理实验室，专门负责阿克苏站常规监测项目的分析，可满足来站研究人员的样品理化分析。

1.5.2　试验观测场和基础设施

阿克苏站目前建有气象观测场、水面蒸发观测场、潜水蒸发观测场、土壤水盐动态观测场、土壤养分循环观测场、沙尘暴垂直梯度观测场、植物个体生态耗水观测场、棉田土壤健康监测平台等。

阿克苏站的气象观测场是根据国家气象局的观测项目要求建立的，自从建站以来（1982 年）一直进行常规人工气象观测。随着加入国家站研究任务的增多，各种自动观测仪器及观测内容严格按照 CERN 站和国家气象局的要求进行了布设和更新，满足了人工气象和自动气象观测的同时也便于日常观测与管理。目前站上已经拥有 3 套自动气象站，大大提高了观测数据的质量。

阿克苏站的水面蒸发观测场、潜水蒸发观测场的设施在西北地区属最齐全的，观测周期也是最长的，积累有从 1982 年至今的水面蒸发、潜水蒸发资料，从而构成了塔里木盆地最完整的水面蒸发、潜水蒸发系列资料。阿克苏站水面蒸发和潜水蒸发的长期观测可以为干旱区水资源研究提供基础数据，是阿克苏站最具特色的观测内容。

另外，阿克苏站已经建成土壤水盐动态观测场、土壤养分循环观测场、植物个体生态耗水观测场以及节水灌溉实验场等观测场，按照 CERN 站以及国家站要求进行观测、研究和维护；农田浮尘垂直梯度观测场位于塔里木盆地北缘风沙路径监测断面上，对于监测绿洲农田浮尘运移规律具有重要意义。

1.5.3　工作和生活设施

阿克苏站所属研究区有 315 亩土地，拥有 50 年的土地使用权〔国有土地使用证编号为"国有（兵土）字第 000098 号"〕。目前站区各种观测场布局合理、位置固定、设施齐全、观测项目制度化，站区已经建设有 500 m² 实验综合楼，并配备有实验室和办公室等。其中实验室用房 250 m²，会议室、资料档案室与陈列室 80 m²，办公室 80 m²，公用面积 90 m²。

为了保障阿克苏站的正常运行，中国科学院和新疆生态与地理研究所在基础建设方面，给予了更多支持。2014 年以来，在中国科学院和研究所的大力支持下，投入 200 余万元进行了旧楼的修缮维护等基础建设，2016 年阿克苏站在中国科学院专项经费资助下修缮了站区内的道路和围栏，并修建了温室大棚。2017 年阿克苏站修缮的 1 500 m² 的宿舍楼重新投入使用，可同时满足 40 余人在站开展工作，阿克苏站的科研生活环境、站区的科研、实验分析和田间试验条件等得到了极大的改善，工作、学习和生活环境整洁舒适，为台站运行和进一步扩大开放提供了良好条件。其间，阿克苏站接入光纤，站办公区实现全网覆盖，通信和网络条件足以满足科研人员的需要。

第 2 章

观测样地与观测设施

2.1 概述

阿克苏农田生态系统国家野外科学观测研究站共设有 6 个观测场，14 个采样地（表 2-1），各个观测场的空间位置见图 2-1，长期观测的作物是棉花。

阿克苏站站区内布设有观测设施 16 套，其中，观测年限大于等于 15 年的长期观测设施 7 套，永久观测设施 9 套，各观测设施详细信息见表 2-2。

表 2-1 主要观测场、采样地一览表

类型	序号	观测场代码	采样地名称	采样地代码
综合观测样地	1	AKAQX01	阿克苏绿洲农田生态系统综合气象要素观测场中子管采样地	AKAQX01CTS_01
综合观测样地	2	AKAQX01	阿克苏绿洲农田生态系统综合气象要素观测场地下水位井采样地	AKAQX01CDX_01
综合观测样地	3	AKAQX01	阿克苏绿洲农田生态系统综合气象要素观测场地下潜水水质井采样地	AKAQX01CQS_01
综合观测样地	4	AKAQX01	阿克苏绿洲农田生态系统综合气象要素观测场 E601 蒸发皿	AKAQX01CZF_01
综合观测样地	5	AKAQX01	阿克苏绿洲农田生态系统综合气象要素观测场雨水采集器	AKAQX01CYS_01
综合观测样地	6	AKAZH01	阿克苏绿洲农田生态系统综合观测场土壤生物采样地	AKAZH01ABC_01
综合观测样地	7	AKAZH01	阿克苏绿洲农田生态系统综合观测场中子管采样地	AKAZH01CTS_01
综合观测样地	8	AKAZH01	阿克苏绿洲农田生态系统综合观测场烘干法采样地	AKAZH01CHG_01
综合观测样地	9	AKAZH01	阿克苏绿洲农田生态系统综合观测场地下水位井观测采样地	AKAZH01CDX_01
综合观测样地	10	AKAZH01	阿克苏绿洲农田生态系统综合观测场地下潜水水质井观测采样地	AKAZH01CQS_01
辅助观测样地	11	AKAFZ01	阿克苏绿洲农田生态系统辅助长期观测采样地（不施肥）	AKAFZ01B00_01
辅助观测样地	12	AKAFZ02	阿克苏绿洲农田生态系统辅助长期观测采样地（化肥＋秸秆还田）	AKAFZ02AB0_01
辅助观测样地	13	AKAZQ01	阿克苏绿洲农田生态站区调查点 1 号采样地	AKAZQ01B00_01
辅助观测样地	14	AKAZQ02	阿克苏绿洲农田生态站区调查点 2 号采样地	AKAZQ02B00_01

表 2-2 阿克苏站长期和永久观测设施一览表

类型	序号	设施名称	设施代码	所在样地名称
气象观测设施	1	阿克苏站人工气象观测系统	AKAQX01_QX01	阿克苏绿洲农田生态系统综合气象要素观测场
气象观测设施	2	阿克苏站标准自动气象站	AKAQX01_QX02	阿克苏绿洲农田生态系统综合气象要素观测场
水分观测设施	3	阿克苏站 E601 水面蒸发皿	AKAQX01CZF_01	阿克苏绿洲农田生态系统综合气象要素观测场
水分观测设施	4	阿克苏站 20 m² 水面蒸发皿	AKAQX01CZF_02	阿克苏绿洲农田生态系统综合气象要素观测场
水分观测设施	5	阿克苏站综合观测场地下水观测井	AKAZH01CDX_01	阿克苏绿洲农田生态系统综合观测场地下水位井观测采样地

（续）

类型	序号	设施名称	设施代码	所在样地名称
水分观测设施	6	阿克苏站气象要素观测场地下水观测井	AKAQX01CDX_01	阿克苏绿洲农田生态系统综合气象要素观测场地下水位井采样地
水分观测设施	7	阿克苏站综合观测场中子管	AKAZH01CTS_01	阿克苏绿洲农田生态系统综合观测场中子管采样地
水分观测设施	8	阿克苏站气象要素观测场中子管	AKAQX01CTS_01	阿克苏绿洲农田生态系统综合气象要素观测场中子管采样地
通量观测设施	9	阿克苏站站区调查点棉田Ⅰ号涡度通量系统	AKATL_ZQ01	阿克苏绿洲农田生态系站区调查点1号采样地
通量观测设施	10	阿克苏站波文比观测系统	AKAHSJ_SR01	阿克苏绿洲农田生态系统棉田水热通量观测样地
通量观测设施	11	阿克苏站波文比观测系统	AKAHSJ_SR02	阿克苏绿洲农田生态系统综合气象要素观测场
水分观测设施	12	阿克苏站移动式蒸渗仪	AKAQX01_ZS01	阿克苏绿洲农田生态系统综合气象要素观测场

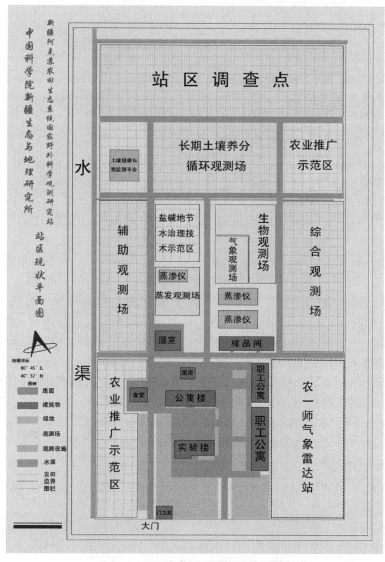

图 2-1 阿克苏站站区现状平面图

2.2　观测场和观测样地介绍

2.2.1　综合观测场（AKAZH01）

位于阿克苏站区内，地理坐标：E 80°45′，N 40°37′，海拔 1 028 m。2006 年建立，长方形，大小为 150 m×90 m，可以满足 100 年尺度的采样要求。从建站至今都是作为耕地使用，且种植作物以棉花为主。观测场建立后，原土地利用和种植方式不变，管理方式也没有变更，只是在四个角立下标志性界桩，观测场由专人进行监测管理。观测场周围为大面积的农田以及纵横交错的灌溉渠网，间或有少量的荒漠植被和居民区。根据全国第二次土壤普查，土壤类型为草甸土，亚类为盐化草甸土；根据中国土壤系统分类属于灌漠土，亚类为盐化灌漠土，土壤母质为沙质冲积物。土壤剖面发育层次包括耕作层、犁底层、心土层、过渡层和沙土层。同时配备灌溉渠道和观测道路。

观测及采样地包括：①综合观测场土壤生物采样地；②综合观测场中子管采样地；③综合观测场烘干法采样地；④综合观测场地下水位井观测采样地；⑤综合观测场地下潜水水质井观测采样地。

2.2.1.1　综合观测场土壤生物采样地（AKAZH01ABC_01）

样地中心点经纬度：E 80°49′47.1″，N 40°37′05.2″。样地四角点经纬度：E 80°49′46.0″，N 40°37′4.9″；E 80°49′47.6″，N 40°37′4.3″；E 80°49′48.3″，N 40°37′5.5″；E 80°49′46.7″，N 40°37′6.1″。面积为 1 600 m²（40 m×40 m），正方形。

生物要素采样地的设置方法：对每一次采样点的地理位置、采样情况和采样条件做定位记录，并在相应的土壤或地形图上做出标识。监测区地面上的作物和土壤尽可能不受干扰。采样区面积为 40 m×40 m，按 10 m×10 m 的面积划分为 16 个采样区（图 2-2），每次采样从 6 个采样区内取得 6 份样品，即 6 次重复。观测时间为棉花生长的各个时期。生物观测项目包括以下几个方面：

（1）耕作制度。①农田复种指数与作物轮作体系：农田类型、复种指数、轮作制（1 次/年即 12 月份）；②主要作物肥料、农药、除草剂等投入量：作物名称、施用时间、施用方式、肥料（农药/除草剂等）名称、施用量、肥料含纯氮量、肥料含纯磷量、肥料含纯钾量（每年监测：作物季动态记录）；③灌溉制度：作物名称、灌溉时间（作物发育期）、灌溉水源、灌溉方式、灌溉量（每年监测：作物季动态记录）。

（2）作物（棉花）物候。包括品种、播种期、出苗期、现蕾期、开花期、吐絮期、收获期、生长期（天）。

（3）作物（棉花）植株性状与生物量。包括品种、播种量、调查株数、株高、第一果枝着生位、果枝数、单株铃数、脱铃率、铃重、衣分、籽指、霜前花百分率、叶面积指数、地上部分鲜重、籽棉鲜重、地上部分干重、茎干重、叶干重、籽棉干重、皮棉干重、根系干重、植株总干重、根系深度（每年监测：调查株数、株高、叶面积指数、地上部分鲜重、籽棉鲜重、地上部分干重、茎干重、叶干重、籽棉干重、植株总干重等；根系干重、深度，作物收获期测定；其他在作物收获后考种测定）。

（4）病虫害记录。记录病虫种、危害程度（事件发生记录）。

（5）植物元素含量。包括全碳、全氮、全磷、全钾、全硫、全钙、全镁、全铁、全锰、全铜、全锌、全钼、全硼、全硅（每 5 年 2 次，收获期样品）。

（6）微生物。微生物碳量（每 5 年 1 次）。

土壤采样分区设计见图 2-3。每隔 5 年采一次剖面样：BLOCK A~F 中的 1，2，3~16；每隔 10 年采一次剖面样：BLOCK A~D 中的 A，B~P；BLOCK E~F 中的 A，B~I。表层土壤混合样的采集和植物样的采集用 A，B 两种方式，隔年两种方式交换（图 2-4）。

综合长期观测采样地采用系统布点的网格法采集土壤剖面样，其布设的基本原则是保证采样点不重复，满足 100 年采样的要求。2006 年在该样地上分别设置 6 个土壤剖面（每 5 年和 10 年采样一次的剖面各 3 个）、按 5 个层次（分别为 0～10 cm、10～20 cm、20～40 cm、40～60 cm、60～100 cm）进行土壤采样，以进行剖面土壤养分全量、微量元素、机械组成和容重等各项内容的分析。

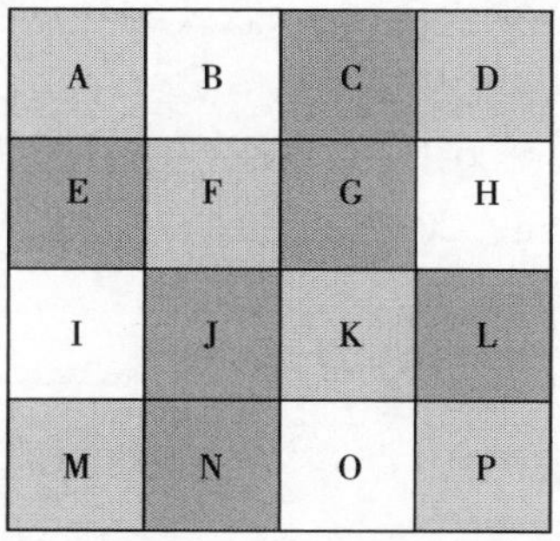

A	B	C	D
E	F	G	H
I	J	K	L
M	N	O	P

图 2-2　长期观测采样地生物要素采样区分布图

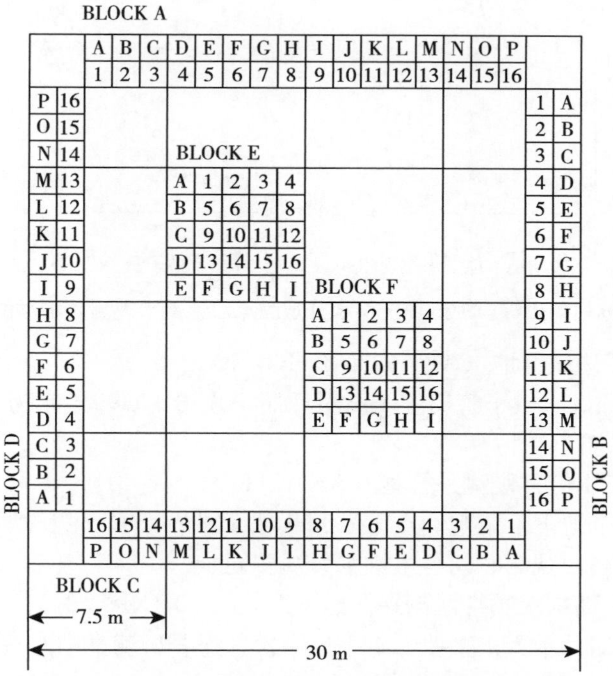

图 2-3　综合长期观测采样地土壤剖面采样区示意

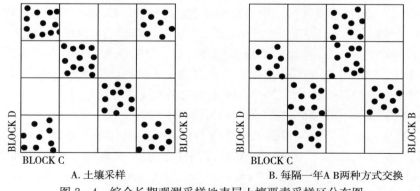

A. 土壤采样　　　　B. 每隔一年 A B 两种方式交换

图 2-4　综合长期观测采样地表层土壤要素采样区分布图

2.2.1.2　综合观测场中子管采样地（AKAZH01CTS_01）

在 150 m×90 m 的综合观测场内，划出 40 m×40 m 的水分观测场。样地中心点经纬度：

E 80°49′47.1″，N 40°37′05.2″。样地四角点经纬度：E 80°49′46.0″，N 40°37′04.9″；E 80°49′47.6″，N 40°37′04.3″；E 80°49′48.3″，N 40°37′05.5″；E 80°49′46.7″，N 40°37′06.1″。阿克苏站棉田综合观测场土壤水分观测点与地下水观测井相对位置示意及编号见图 2 - 5。在该样地上设置 3 根中子管（1 号、2 号、3 号），可反映该样地的土壤水分变化情况。

土壤水分每月 5 日、10 日、15 日、20 日、25 日、30 日或 31 日采用中子水分仪观测，灌水前后加测。观测深度：土壤表面以下 10 cm、20 cm、30 cm、40 cm、50 cm、70 cm、90 cm、110 cm、130 cm、150 cm 共 10 层。

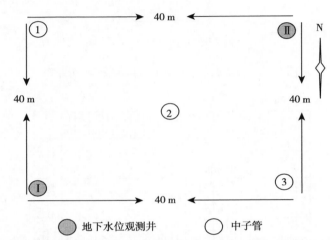

图 2 - 5　阿克苏站棉田综合观测场土壤水分观测点与地下水观测井相对位置示意及编号

2.2.1.3　综合观测场烘干法采样地（AKAZH01CHG _ 01）

在对应于 1 号、2 号和 3 号中子管周围 1 m 处采样（图 2 - 5），频率为每 2 个月 1 次，采样时间和深度与对应的中子管测定同步。

2.2.1.4　综合观测场地下水位井观测采样地（AKAZH01CDX _ 01）

在该样地上设置了 2 个地下水位观测点 I 号、II 号（图 2 - 5），可反映该区域地下水位的变化情况。潜水埋深采用人工观测，观测时间与土壤水分观测同步。

2.2.1.5　综合观测场地下潜水水质井观测采样地（AKAZH01CQS _ 01）

潜水水样从地下水观测井中人工采取，每季度一次，送分析测试中心按要求分析。

2.2.2　气象要素观测场（AKAQX01）

气象要素观测场位于阿克苏站区内，中心点经纬度：E 80°49′43.7″，N 40°37′05.7″。四角点经纬度：E 80°49′43.4″，N 40°37′6.2″；E 80°49′44.4″，N 40°37′06.0″；E 80°49′43.0″，N 40°37′5.5″；E 80°49′44.0″，N 40°37′05.2″。样地中心点经纬度：E 80°49′41.8″，N 40°37′5.0″。海拔 1 028 m。2006 年建立，大小为 25 m × 25 m，正方形；长期观测；无植被，平地；土壤类型为草甸盐土。

各种仪器及观测内容严格按照 CERN 站和国家气象局的要求进行布设。

2.2.2.1　气象要素观测场中子管采样地（AKAQX01CTS _ 01）

按气象要素观测场水分观测设施布置的要求进行设置，其具体布置见图 2 - 6。土壤水分每月 5 日、10 日、15 日、20 日、25 日、30 日或 31 日采用中子水分仪观测，观测深度：土壤表面以下 10 cm、20 cm、30 cm、40 cm、50 cm、70 cm、90 cm、110 cm、130 cm、150 cm 共 10 层。

2.2.2.2　气象要素观测场地下水位井采样地（AKAQX01CDX _ 01）

按气象要素观测场地下水位观测设施布置的要求进行设置，其具体布置见图 2 - 6。潜水水位在观测井中进行人工观测，每季度测定一次。

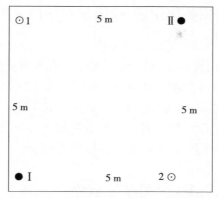

⊙ 为中子管　● 为地下潜水位观测井

图 2-6　阿克苏站气象要素观测场土壤水分观测点与地下水观测井相对位置示意及编号

2.2.2.3　气象要素观测场地下潜水水质采样地（AKAQX01CQS_01）

按气象要素观测场潜水水质观测设施布置的要求进行设置，其具体布置见图 2-6。潜水水样从观测井中人工采取，每季度测定一次，送分析测试中心按要求分析。

2.2.3　辅助长期观测采样地（不施肥）（AKAFZ01B00_01）

样地中心点经纬度：E 80°49′41.8″，N 40°37′05.0″。2006 年建立，长方形，面积为 1 000 m² （50 m×20 m），可以满足 100 年尺度的采样要求。该样地位于阿克苏站区内，从建站至今都是作为耕地使用，且种植作物以棉花为主。观测场建立后，作为不施肥的辅助长期观测采样地，从 2006 年开始减除化肥的施用，秸秆仍然还田，原土地利用和种植方式不变，管理方式也没有变更，观测场由专人进行监测管理。根据全国第二次土壤普查，土类为草甸土，亚类为盐化草甸土；根据中国土壤系统分类属于灌漠土，亚类为盐化灌漠土。土壤母质为沙质冲积物。土壤剖面发育层次包括耕作层、犁底层、心土层、过渡层和沙土层。

根据监测手册的要求，表层土样在长方形样地上划分 6 条对角线段，分别为 AB、BC、CD、DE、EF、FG。在每条线段上均匀选取 5 点混合样，共 6 个重复，样品编码分别为：AKAFZ01A00_01_AB、AKAFZ01B00_01_BC、AKAFZ01B00_01_CD、AKAFZ01B00_01_DE、AKAFZ01B00_01_EF、AKAFZ01B00_01_FG（图 2-7）。在整块地中随机选取三点挖剖面，按 5 个层次（分别为 0～10 cm、10～20 cm、20～40 cm、40～60 cm、60～100 cm）取样，进行土壤采样，以进行剖面土壤养分全量、微量元素、机械组成和容重等各项内容的分析。

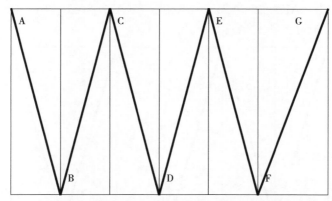

图 2-7　阿克苏站绿洲农田生态系统辅助长期观测采样地（不施肥）

2.2.4　辅助长期观测采样地（化肥＋秸秆还田）（AKAFZ02AB0＿01）

样地中心点地理坐标：E 80°49′45.8″，N 40°37′03.7″。2006 年建立，长方形，面积为 3 600 m²（90 m×40 m），可以满足 100 年尺度的采样要求。该样地位于阿克苏站区内，从建站至今都是作为耕地使用，且种植作物以棉花为主。观测场建立后，作为不施肥的辅助长期观测采样地，从 2006 年开始减除化肥的施用，秸秆仍然还田，原土地利用和种植方式不变，管理方式也没有变更，观测场由专人进行监测管理。根据全国第二次土壤普查，土类为草甸土，亚类为盐化草甸土；根据中国土壤系统分类属于灌漠土，亚类为盐化灌漠土。土壤母质为沙质冲积物。土壤剖面发育层次包括耕作层、犁底层、心土层、过渡层和沙土层。

生物要素采样地的设置方法：采样区面积为 40 m×40 m，按 10 m×10 m 面积划分为 16 个采样区，每次采样从 6 个采样区内取得 6 份样品，即 6 次重复（图 2-2）。

观测时间为棉花生长的各个时期。生物观测项目包括以下方面：

（1）耕作制度。①农田复种指数与作物轮作体系：农田类型、复种指数、轮作制（1 次/年即 12 月份）；②主要作物肥料、农药、除草剂等投入量：作物名称、施用时间、施用方式、肥料（农药/除草剂等）名称、施用量、肥料含纯氮量、肥料含纯磷量、肥料含纯钾量（每年监测，作物季动态记录）；③灌溉制度：作物名称、灌溉时间（作物生育期）、灌溉水源、灌溉方式、灌溉量（每年监测，作物季动态记录）。

（2）作物（棉花）物候。包括品种、播种期、出苗期、现蕾期、开花期、吐絮期、收获期、生长期（天）。

（3）作物（棉花）植株性状与生物量。包括品种、播种量、调查株数、株高、第一果枝着生位、果枝数、单株铃数、脱铃率、铃重、衣分、籽指、霜前花百分率、叶面积指数、地上部分鲜重、籽棉鲜重、地上部分干重、茎干重、叶干重、籽棉干重、皮棉干重、根系干重、植株总干重、根系深度（每年监测项目包括调查株数、株高、叶面积指数、地上部分鲜重、籽棉鲜重、地上部分干重、茎干重、叶干重、籽棉干重、植株总干重等；根系干重、深度，作物收获期测定；其他在作物收获后考种测定）。

（4）病虫害记录。记录病虫种、危害程度（事件发生记录）。

（5）植物元素含量。包括全碳、全氮、全磷、全钾、全硫、全钙、全镁、全铁、全锰、全铜、全锌、全钼、全硼、全硅（每 5 年 2 次，收获期样品）。

（6）微生物。微生物生物量碳（每 5 年 1 次）。

根据监测手册的要求，表层土样在长方形样地上划分 6 条对角线段，分别为 HI、IJ、JK、KL、LM、MN。在每条线段上均匀选取 5 点混合样，共 6 个重复，样品编码分别为：AKAFZ02AB0＿01＿HI、AKAFZ02AB0＿01＿IJ、AKAFZ02AB0＿01＿JK、AKAFZ02AB0＿01＿KL、AKAFZ02AB0＿01＿LM、AKAFZ02AB0＿01＿MN（图 2-8）。

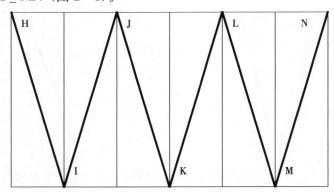

图 2-8　阿克苏站绿洲农田生态系统辅助长期观测采样地（化肥＋秸秆还田）

在整块地中随机选取三点挖剖面，按 5 个层次（分别为 0～10 cm、10～20 cm、20～40 cm、40～60 cm、60～100 cm）取样，进行土壤采样，以进行剖面土壤养分全量、微量元素、机械组成和容重等各项内容的分析。

2.2.5　站区调查点 1 号采样地（AKAZQ01B00 _ 01）

2006 年选取站区北部约 9 hm² 耕地设置为 300 m×300 m 站区调查点 1 号采样地，长期观测（至少 100 年）。目的是为了和长期观测采样地相互验证，并了解本地区可能的变异情况，以使观测的数据较好地代表和反映当地绿洲农田生态系统土壤养分平衡和土壤性质的变化。样地中心点地理坐标：E 80°49′51.5″，N 40°37′13.7″，从建站至今都是作为耕地使用，且种植作物以棉花为主。观测场建立后，原土地利用和种植方式不变，管理方式也没有变更，观测场由专人进行监测管理。根据全国第二次土壤普查，土类为草甸土，亚类为盐化草甸土；根据中国土壤系统分类属于灌漠土，亚类为盐化灌漠土。土壤母质为沙质冲积物。土壤剖面发育层次包括耕作层、犁底层、心土层、过渡层和沙土层。

生物采样区面积为 40 m×40 m，按 10 m×10 m 的面积划分为 16 个采样区（图 2-2），每次采样从 6 个采样区内取得 6 份样品，即 6 次重复。观测时间为棉花生长的各个时期。生物观测项目包括以下几个方面：

（1）耕作制度。①历年复种指数与作物轮作体系：农田类型、复种指数、轮作制（1 次/年即 12 月份）；②主要作物肥料、农药、除草剂等投入量：作物名称、施用时间、施用方式、肥料（农药/除草剂等）名称、施用量、肥料含纯氮量、肥料含纯磷量、肥料含纯钾量（每年监测，作物季动态记录）；③灌溉制度：作物名称、灌溉时间（作物发育期）、灌溉水源、灌溉方式、灌溉量（每年监测，作物季动态记录）。

（2）作物（棉花）物候。包括品种、播种期、出苗期、现蕾期、开花期、吐絮期、收获期、生长期（天）。

（3）作物（棉花）植株性状与生物量。包括品种、播种量、调查株数、株高、第一果枝着生位、果枝数、单株铃数、脱铃率、铃重、衣分、籽指、霜前花百分率、叶面积指数、地上部分鲜重、籽棉鲜重、地上部分干重、茎干重、叶干重、籽棉干重、皮棉干重、根系干重、植株总干重、根系深度（每年监测：调查株数、株高、叶面积指数、地上部分鲜重、籽棉鲜重、地上部分干重、茎干重、叶干重、籽棉干重、植株总干重等；根系干重、深度，作物收获期测定；其他在作物收获后考种测定）。

（4）病虫害记录。记录病虫种、危害程度（事件发生记录）。

（5）植物元素含量。包括全碳、全氮、全磷、全钾、全硫、全钙、全镁、全铁、全锰、全铜、全锌、全钼、全硼、全硅（每 5 年 2 次，收获期样品）。

（6）微生物。微生物生物量碳（每 5 年 1 次）。

观测表层土壤速效养分包括碱解氮、速效磷、速效钾（1 次/年）；表层土壤养分包括有机质、全氮、pH、缓效钾（每 2～3 年 1 次）。所有样品取样时间为 10 月中下旬。

地表层土样采用梅花状均匀布点法采集（监测手册要求），分 0～10 cm、10～20 cm 两个层次。

2.2.6　站区调查点 2 号采样地（AKAZQ02B00 _ 01）

2006 年，选取东临站区的整块农田约 20 hm² 耕地（2006 年种植作物为棉花）设置为 450 m×450 m 站区调查点 2 号采样地，长期观测（至少 100 年）。目的是为了和长期观测采样地相互验证，并了解本地区可能的变异情况，以使观测的数据较好地代表和反映当地绿洲农田生态系统土壤养分平衡和土壤性质的变化。该样地位于阿克苏站东面，与站区相临，中心点地理坐标：E 80°49′48.8″，N 40°36′31.7″，从建设时就已作为耕地使用，且种植作物以棉花为主。观测场建立后，原土地利用和种植方式不变，管理方式也没有变更，农作方式没有任何变动，只做记录和土壤采样。根据全国第二次土壤普查，土类为草甸土，亚类为盐化草甸土；根据中国土壤系统分类属于灌漠土，亚类为盐化灌漠土。土壤母质为沙质冲积物。土壤剖面发育层次包括耕作层、犁底层、心土层、过渡层和沙土层。

主要观测表层土壤速效养分。包括碱解氮、速效磷、速效钾（1 次/年）；表层土壤养分包括有机质、全氮、pH、缓效钾（每 2～3 年 1 次）。所有样品取样时间为 10 月中下旬。

地表层土样采用梅花状均匀布点法采集（监测手册要求），分为 0～10 cm、10～20 cm 两个层次。

2.2.7　蒸发观测场

靠近气象要素观测场，面积为 60 m×30 m。主要进行 20 m² 蒸发池、20 cm 口径小型蒸发皿、A型、E601 水面蒸发皿和潜水蒸发的观测。

2.2.8　长期土壤养分循环观测场

紧邻综合观测场，大小为 300 m×160 m。可以满足 100 年尺度的采样要求。作物种植、灌溉、施肥等其他人为管理措施与周围农田一样。主要进行土壤养分循环的综合观测。

2.2.9　农田轮作观测场

紧邻长期养分循环观测场，大小为 300 m×160 m。可以满足 100 年尺度的采样要求。按照周围农田的耕作制度，主要进行 5 年、10 年一次的作物轮作制度；作物种植、灌溉、施肥等其他人为管理措施与周围农田一样，主要进行作物轮作下的土壤养分循环等的综合观测；同时配备灌溉渠道和观测道路。

2.2.10　农田节水灌溉观测场

紧邻蒸发观测场，大小为 150 m×90 m。可以满足 100 年尺度的采样要求。主要进行作物节水灌溉试验，以及节水灌溉条件下土壤水分、盐分、养分变化规律及作物生长规律等的综合观测。同时配备灌溉渠道和观测道路。

2.3　观测设施介绍

2.3.1　阿克苏站人工气象观测系统（AKAQX01_QX01）

阿克苏站人工气象观测系统（AKAQX01_QX01）作为永久观测设施布设在阿克苏站气象综合观测场内，中心点地理坐标：E 80°49′43.68″，N 40°37′5.52″，海拔 1 028 m，始建于 1984 年，用于人工气象要素的长期观测。人工气象观测系统包括气压表、温度表、湿度表、雨量筒、蒸发皿、水银地温表、日照计。人工气象观测项目包括：天气状况、气压、风向、风速、空气温度、相对湿度、地表温度［观测频度为 3 次/日（08 时、14 时、20 时）］，降雨［观测频度为 2 次/日（08 时、20 时）］，水面蒸发和日照时数［观测频度为 1 次/日（20 时）］。

2.3.2　阿克苏站标准自动气象站（AKAQX01_QX02）

阿克苏站标准自动气象站（AKAQX01_QX02）始建于 2006 年，作为永久设施布设安装在阿克苏站气象综合观测场内，中心点经纬度：E 80°49′43.68″，N 40°37′5.52″，主要用于自动气象要素的长期观测。自动气象站的观测项目包括大气温度、相对湿度、气压、海平面气压、总辐射、反射辐射、紫外辐射、净辐射、光合有效辐射、日照时数、风速、风向、降水量、土壤不同深度温度

（0 cm、5 cm、10 cm、15 cm、20 cm、40 cm、60 cm、100 cm），数据采集由数据采集器完成，采样频率为 1 次/h。

2.3.3　阿克苏站 E601 水面蒸发皿（AKAQX01CZF＿01）

阿克苏站 E601 水面蒸发皿（AKAQX01CZF＿01）作为永久观测设施布设在阿克苏站气象综合观测场附近的蒸发观测场内，中心点经纬度：E 80°49′41.16″，N 40°37′5.879 4″，海拔 1 028 m，始建于 1984 年，用于水面蒸发量的长期观测。观测频度：2 次/日（08 时、20 时）。

2.3.4　阿克苏站 20 m² 水面蒸发池（AKAQX01CZF＿02）

阿克苏站 20 m² 水面蒸发池（AKAQX01CZF＿02）作为永久观测设施布设在阿克苏站气象综合观测场附近的蒸发观测场内，中心点经纬度：E 80°49′41.16″，N 40°37′5.879 4″，海拔 1 028 m，始建于 1984 年，蒸发池面积大小为 20 m²，主要用于水面蒸发量的长期观测。观测频度：2 次/日（08 时、20 时）。

2.3.5　阿克苏站站区调查点棉田Ⅰ号涡度通量系统（AKATL＿ZQ01）

阿克苏站站区调查点棉田Ⅰ号涡度通量系统（AKATL＿ZQ01）作为永久观测设施布设在阿克苏站站区调查点，中心点地理坐标：E 80°48′57.96″，N 40°37′13.08″，海拔 1 028 m，始建于 2016 年，主要用于农田生态系统水、热和大气通量长期观测。涡度通量系统观测项目包括 CO_2 通量、H_2O 通量、显热通量、潜热通量、土壤热通量、土壤含水量、土壤温度、空气温度、空气湿度、大气压、水汽压以及红外温度等，观测频度为 10 Hz。

2.3.6　阿克苏站移动式蒸渗仪（AKAQX01＿ZS01）

阿克苏站移动式蒸渗仪（AKAQX01＿ZS01）作为研究类设施主要用于长期陆面蒸散量观测，布设在阿克苏站气象要素观测场附近，中心点地理坐标：E 80°49′42.959 4″，N 40°37′5.159 4″，海拔 1 028 m。依托中国科学院科研装备研制项目阿克苏站新建了干旱区陆面蒸散发反哺移动式蒸渗仪系统。该系统包括 12 个口径 1 m²、深 3 m 的自动反哺移动式蒸渗仪，12 个长 4 m、宽 3 m、深 3 m 的固定反哺移动式蒸渗仪和一个 400 m² 的地下室，2013 年通过验收投入使用，开展不同下垫面陆面蒸散发观测研究。

测定干旱区陆面蒸散发的反哺移动式蒸渗仪有自动反哺、自动移动称重和数据采集 3 个系统，可以人机中文操作界面和远程操控。该仪器解决了蒸渗仪内作物根系吸水及底部水分通量被阻断造成蒸发器内外的土壤含水量存在差异的难题，克服了现有产品的测量精度差的缺陷。仪器智能化程度高，蒸散量测量精度达 0.02 mm，领先国内外同类产品。

第3章 □□□□□□□□□□□□□□□□□□□□□□□

联网长期观测数据

3.1 生物观测数据

3.1.1 农田复种指数数据集

3.1.1.1 概述

本数据集包括阿克苏站 2008—2015 年 3 个长期监测样地的年尺度观测数据（农田类型、复种指数、轮作体系、当年作物），计量单位为百分比（％）。各观测点信息如下：综合观测场土壤生物采样地（AKAZH01ABC_01，E 80°49′47.1″，N 40°37′5.2″）、辅助观测场长期观测采样地（化肥＋秸秆还田）（AKAFZ02AB0_01，E 80°49′45.8″，N 40°37′3.7″）、站区调查点 1 号采样地（AKAZQ01AB0_01，E 80°49′51.5″，N 40°37′13.7″）。

3.1.1.2 数据采集和处理方法

本数据集中 3 个长期生物采样地的数据主要通过观测人员对各观测场实地调查和记录获得。每年于收获季节详细记录作物收获面积、耕地面积、轮作体系和当年作物。复种指数（％）＝全年农作物收获面积/耕地总面积×100％。

3.1.1.3 数据质量控制和评估

（1）数据获取过程的质量控制。对于农户调查获取的数据，尽量进行多人次重复验证调查，并与对应田间调查地块进行自测，对比两种方法获取数据的吻合程度，避免出现人为原因产生错误数据。对于自测数据，严格翔实地记录调查时间、核查并记录样地名称代码，真实记录每季作物种类及品种。

（2）规范原始数据记录的质控措施。原始数据记录是保证各种数据问题的溯源查询依据，要求做到：数据真实、记录规范、书写清晰、数据及辅助信息完整等。使用专用、规范印制的数据记录表和记录本，根据本站调查任务制定年度工作调查记录本，按照调查内容和时间顺序依次排列，装订、定制成本。使用铅笔或黑色碳素笔规范整齐填写，原始数据不得删除或涂改，如记录或观测有误，需将原有数据轻画横线标记，并将审核后正确数据记录在原数据旁或备注栏，并签名。

（3）数据辅助信息记录的质控措施。在进行农户或田间自测调查时，要求对样地位置、调查日期、调查农户信息、样地环境状况做翔实描述与记录，并对相关的样地管理措施、病虫害、灾害等信息同时记录。

（4）数据质量评估。将所获取的数据与各项辅助信息数据以及历史数据信息进行比较和阈值检查，评价数据的正确性、一致性、完整性、可比性和连续性，对监测数据超出历史数据阈值范围的进行校验，删除异常值或标注说明。经过生物监测负责人审核认定，批准后上报。

3.1.1.4 数据价值、数据使用方法和建议

复种作为我国多熟种植中最主要的一种耕作形式，基本反映了我国在不同地区耕地的耕作能力。作物复种指数与轮作体系是农业现代化的重心环节，在农田资源优化配置、土壤养分良性循环、作物

稳产、维持农田地力、节肥、农民增收、农业环境保护和农业资源高效利用等各方面具有重要的作用。阿克苏站复种指数数据集从时间尺度上体现了新疆绿洲农业的种植制度变化情况，代表了南疆绿洲农田复种指数，由于本地区一年熟的原因相对比较稳定。

3.1.1.5　数据

各采样地农田复种指数与作物轮作体系见表 3－1 至表 3－3。

表 3－1　综合观测场土壤生物采样地农田复种指数与作物轮作体系

年份	农田类型	复种指数（%）	轮作体系	当年作物
2008	水浇地	100	棉花	棉花
2009	水浇地	100	棉花	棉花
2010	水浇地	100	棉花	棉花
2011	水浇地	100	棉花	棉花
2012	水浇地	100	棉花	棉花
2013	水浇地	100	棉花	棉花
2014	水浇地	100	棉花	棉花
2015	水浇地	100	棉花	棉花

表 3－2　辅助观测场长期观测采样地（化肥＋秸秆还田）农田复种指数与作物轮作体系

年份	农田类型	复种指数（%）	轮作体系	当年作物
2008	水浇地	100	棉花	棉花
2009	水浇地	100	棉花	棉花
2010	水浇地	100	棉花	棉花
2011	水浇地	100	棉花	棉花
2012	水浇地	100	棉花	棉花
2013	水浇地	100	棉花	棉花
2014	水浇地	100	棉花	棉花
2015	水浇地	100	棉花	棉花

表 3－3　站区调查点 1 号采样地农田复种指数与作物轮作体系

年份	农田类型	复种指数（%）	轮作体系	当年作物
2008	水浇地	100	棉花	棉花
2009	水浇地	100	棉花	棉花
2010	水浇地	100	棉花	棉花
2011	水浇地	100	棉花	棉花
2012	水浇地	100	棉花	棉花
2013	水浇地	100	棉花	棉花
2014	水浇地	100	棉花	棉花
2015	水浇地	100	棉花	棉花

3.1.2　作物种类组成与产值数据集

3.1.2.1　概述

本数据集包括阿克苏站 2008—2015 年 3 个长期监测样地的年尺度观测数据（作物名称、播种量、播种面积、占总播比率、单产、直接成本、产值）。各观测点信息如下：综合观测场土壤生物采样地（AKAZH01ABC_01，E 80°49′47.1″，N 40°37′5.2″）、辅助观测场长期观测采样地（化肥＋秸秆还田）（AKAFZ02AB0_01，E 80°49′45.8″，N 40°37′3.7″）、站区调查点 1 号采样地（AKAZQ01AB0_01，E 80°49′51.5″，N 40°37′13.7″）。

3.1.2.2　数据采集和处理方法

本数据集 3 个长期生物采样地的数据主要通过观测人员各观测场实地调查和记录获得。每年各个生育期详细记录作物名称、播种面积、直接成本，单产在收获期测产获得，产值则根据当年作物出售的市场平均价和单产进行估算；直接成本由平时对各项田间投入的成本相应的记录获得。

3.1.2.3　数据质量控制和评估

（1）数据获取过程的质量控制。严格翔实地记录调查时间，核查并记录样地名称和代码，真实记录每季作物种类、品种、播种面积和直接成本。

（2）规范原始数据记录的质控措施。原始数据记录是保证各种数据问题的溯源查询依据，要求做到：数据真实、记录规范、书写清晰、数据及辅助信息完整等。使用专用、规范印制的数据记录表和记录本，根据本站调查任务制定年度工作调查记录本，按照调查内容和时间顺序依次排列，装订、定制成本。使用铅笔或黑色碳素笔规范整齐填写，原始数据不得删除或涂改，如记录或观测有误，需将原有数据轻画横线标记，并将审核后正确数据记录在原数据旁或备注栏，并签名。

（3）数据辅助信息记录的质控措施。在进行农户或田间自测调查时，要求对样地位置、调查日期、调查农户信息、样地环境状况做翔实描述与记录，并对相关的样地管理措施、病虫害、灾害等信息同时记录。

（4）数据质量评估。将所获取的数据与各项辅助信息数据以及历史数据信息进行比较和阈值检查，评价数据的正确性、一致性、完整性、可比性和连续性，对监测数据超出历史数据阈值范围的进行校验，删除异常值或标注说明。经过生物监测负责人审核认定，批准后上报。

3.1.2.4　数据

各采样地棉花品种与产值数据见表 3-4 至表 3-6。

表 3-4　综合观测场土壤生物采样地棉花品种与产值

年份	作物名称	播种量（kg/hm²）	播种面积（hm²）	占总播比率（%）	单产（kg/hm²）	直接成本（元/hm²）	产值（元/hm²）
2008	中棉 49	60.0	0.16	100.0	5 198.90	12 383.86	24 434.83
2009	拓农 1 号	60.0	0.16	100.0	4 026.9	12 608.67	15 579.63
2010	拓农 1 号	60.0	0.16	100.0	2 469.6	160 593.7	29 635.5
2011	塔河 36	60.0	0.16	100.0	5 538.1	17 489.1	27 368.7
2012	塔棉 2 号	60.00	0.16	100.0	5 386.2	18 172.5	26 533.0
2013	塔棉 2 号	60.0	0.16	9.5	5 513.48	23 280.75	29 097.31
2014	塔棉 2 号	60.0	0.16	9.5	5 149.49	23 172.71	38 621.18
2015	塔棉 2 号	60.0	0.16	9.5	5 402.89	22 813.78	25 820.23

表 3-5　辅助观测场长期观测采样地（化肥＋秸秆还田）棉花品种与产值

年份	作物名称	播种量 （kg/hm²）	播种面积 （hm²）	占总播比率 （%）	单产 （kg/hm²）	直接成本 （元/hm²）	产值 （元/hm²）
2008	中棉 49	60.00	0.16	100.0	5 073.30	12 383.86	23 844.51
2009	拓农 1 号	60.00	0.16	100.0	4 745.5	12 608.67	20 677.50
2010	拓农 1 号	60.00	0.16	100.0	2 236.1	159 288.1	26 833.5
2011	塔河 36	60.00	0.16	100.0	5 471.4	17 489.1	26 826.0
2012	塔棉 2 号	60.00	0.16	100.0	5 259.0	18 172.5	25 477.2
2013	塔棉 2 号	60.00	0.16	9.5	5 429.58	23 280.75	28 300.26
2014	塔棉 2 号	60.00	0.16	9.5	4 856.05	21 852.23	36 420.38
2015	塔棉 2 号	60.00	0.16	9.5	5 793.49	24 841.11	28 554.43

表 3-6　站区调查点 1 号采样地棉花品种与产值

年份	作物名称	播种量 （kg/hm²）	播种面积 （hm²）	占总播比率 （%）	单产 （kg/hm²）	直接成本 （元/hm²）	产值 （元/hm²）
2008	中棉 49	60.00	0.16	100.0	5 431.10	12 150.27	25 526.17
2009	拓农 1 号	60.00	0.16	100.0	5 389.3	13 062.44	24 662.66
2010	拓农 1 号	60.00	0.16	100.0	4 000.0	172 621.6	47 999.6
2011	塔河 36	60.00	0.16	100.0	6 504.2	18 866.0	33 816.4
2012	塔棉 2 号	60.00	0.16	100.0	6 059.6	17 639.6	32 655.1
2013	塔棉 2 号	60.00	0.16	9.5	5 869.82	24 519.26	31 244.03
2014	塔棉 2 号	60.00	0.16	9.5	5 408.08	24 336.36	40 560.60
2015	塔棉 2 号	60.00	0.16	9.5	4 897.58	20 458.04	23 283.06

3.1.3　农田灌溉制度数据集

3.1.3.1　概述

本数据集包括阿克苏站 2008—2015 年 3 个长期监测样地的年尺度观测数据（作物名称、灌溉时间、作物物候期、灌溉水源、灌溉方式和灌溉量）。各观测点信息如下：综合观测场土壤生物采样地（AKAZH01ABC＿01，E 80°49′47.1″，N 40°37′5.2″）、辅助观测场长期观测采样地（化肥＋秸秆还田）（AKAFZ02AB0＿01，E 80°49′45.8″，N 40°37′3.7″）、站区调查点 1 号采样地（AKAZQ01AB0＿01，E 80°49′51.5″，N 40°37′13.7″）。

3.1.3.2　数据采集和处理方法

本数据集 3 个长期生物采样地的数据主要通过观测人员各观测场实地调查和记录获得。每年于作物全生育期记录每次灌溉的灌溉水源、灌溉方式和灌溉量等相关信息。

3.1.3.3　数据质量控制和评估

（1）数据获取过程的质量控制。对于自测数据，严格翔实地记录调查时间、核查并记录样地名称代码，真实记录每季作物种类及品种。对于农户调查获取的数据，尽量进行多人次重复验证调查，并与对应田间调查地块进行自测，对比两种方法获取数据的吻合程度，避免出现人为原因产生错误数据。

（2）规范原始数据记录的质控措施。原始数据记录是保证各种数据问题的溯源查询依据，要求做到：数据真实、记录规范、书写清晰、数据及辅助信息完整等。使用专用、规范印制的数据记录表和记录本，根据本站调查任务制定年度工作调查记录本，按照调查内容和时间顺序依次排列，装订、定制成本。使用铅笔或黑色碳素笔规范整齐填写，原始数据不得删除或涂改，如记录或观测有误，需将原有数据轻画横线标记，并将审核后正确数据记录在原数据旁或备注栏，并签名。

（3）数据辅助信息记录的质控措施。在进行农户或田间自测调查时，要求对样地位置、调查日期、调查农户信息、样地环境状况做翔实描述与记录，并对相关的样地管理措施、病虫害、灾害等信息同时记录。

（4）数据质量评估。将所获取的数据与各项辅助信息数据以及历史数据信息进行比较和阈值检查，评价数据的正确性、一致性、完整性、可比性和连续性，对监测数据超出历史数据阈值范围的进行校验，删除异常值或标注说明。经过生物监测负责人审核认定，批准后上报。

3.1.3.4 数据价值/数据使用方法和建议

农作物的灌溉制度是指在一定的气候、土壤等自然条件下和一定的农业技术措施下，为使作物获得高额而稳定的产量所制定的一整套田间灌水制度。作为典型绿洲农田生态系统的阿克苏站，其灌溉制度数据集可从时间尺度上反映新疆绿洲农业灌溉制度的现状和发展情况。

3.1.3.5 数据

各采样地农田灌溉制度见表 3-7 至表 3-9。

表 3-7　综合观测场土壤生物采样地农田灌溉制度

年份	作物名称	灌溉时间（月-日）	作物物候期	灌溉水源	灌溉方式	灌溉量（mm）
2008	棉花	02-02	春灌	渠水	漫灌	200
2008	棉花	06-01	蕾期	渠水	漫灌	150
2008	棉花	06-23	铃期	渠水	漫灌	150
2008	棉花	07-09	铃期	渠水	漫灌	150
2008	棉花	08-06	铃期	渠水	漫灌	150
2008	棉花	12-03	冬灌	渠水	漫灌	200
2009	棉花	03-19	春灌	渠水	漫灌	150
2009	棉花	06-17	现蕾期	井水	漫灌	100
2009	棉花	07-12	开花期	渠水	漫灌	100
2009	棉花	08-05	打顶期	井水	漫灌	100
2009	棉花	08-24	吐絮期	井水	漫灌	100
2009	棉花	11-06	冬灌	渠水	漫灌	200
2010	棉花	03-07	播种前期	渠水	漫灌	360
2010	棉花	06-25	现蕾期	井水	漫灌	225
2010	棉花	07-12	开花期	井水	漫灌	225
2010	棉花	08-02	打顶期	井水	漫灌	285
2010	棉花	08-29	吐絮期	井水	漫灌	300
2011	棉花	03-02	播种前期	渠水	漫灌	450
2011	棉花	06-30	开花期	井水	涌泉灌	337
2011	棉花	07-15	打顶期	井水	涌泉灌	315
2011	棉花	08-09	打顶期	井水	涌泉灌	315
2011	棉花	08-25	吐絮期	井水	涌泉灌	157
2011	棉花	11-10	收获期	渠水	漫灌	450

（续）

年份	作物名称	灌溉时间（月-日）	作物物候期	灌溉水源	灌溉方式	灌溉量（mm）
2012	棉花	02-25	播种前期	渠水	漫灌	450
2012	棉花	06-12	开花期	井水	涌泉灌	315
2012	棉花	07-05	打顶期	井水	涌泉灌	315
2012	棉花	08-01	打顶期	井水	涌泉灌	315
2012	棉花	08-20	吐絮期	井水	涌泉灌	150
2012	棉花	11-11	收获期	渠水	漫灌	450
2013	棉花	02-27	播种前期	渠水	漫灌	449.77
2013	棉花	06-26	开花期	渠水	涌泉灌	314.84
2013	棉花	07-20	打顶期	渠水	涌泉灌	314.84
2013	棉花	08-13	打顶期	渠水	涌泉灌	314.84
2013	棉花	08-22	吐絮期	渠水	涌泉灌	150.42
2013	棉花	11-13	收获期	渠水	漫灌	449.77
2014	棉花	02-25	播种前期	渠水	漫灌	449.77
2014	棉花	07-02	开花期	渠水	涌泉灌	314.84
2014	棉花	07-22	打顶期	渠水	涌泉灌	314.84
2014	棉花	08-11	打顶期	渠水	涌泉灌	314.84
2014	棉花	08-22	吐絮期	渠水	涌泉灌	150.42
2014	棉花	11-20	收获期	渠水	漫灌	449.77
2015	棉花	02-28	播种前期	渠水	漫灌	449.77
2015	棉花	07-09	开花期	渠水	涌泉灌	314.84
2015	棉花	07-23	打顶期	渠水	涌泉灌	314.84
2015	棉花	08-06	打顶期	渠水	涌泉灌	314.84
2015	棉花	08-31	吐絮期	渠水	涌泉灌	150.42
2015	棉花	11-25	收获期	渠水	漫灌	449.77

表 3-8　辅助观测场长期观测采样地（化肥＋秸秆还田）农田灌溉制度

年份	作物名称	灌溉时间（月-日）	作物物候期	灌溉水源	灌溉方式	灌溉量（mm）
2008	棉花	02-02	春灌	渠水	漫灌	200
2008	棉花	06-01	蕾期	渠水	漫灌	150
2008	棉花	06-23	铃期	渠水	漫灌	150
2008	棉花	07-09	铃期	渠水	漫灌	150
2008	棉花	08-06	铃期	渠水	漫灌	150
2008	棉花	12-03	冬灌	渠水	漫灌	200
2009	棉花	03-19	春灌	渠水	漫灌	150
2009	棉花	06-17	现蕾期	井水	漫灌	100
2009	棉花	07-12	开花期	井水	漫灌	150
2009	棉花	08-05	开花期	渠水	漫灌	100
2009	棉花	08-24	吐絮期	井水	漫灌	100
2009	棉花	11-06	冬灌	渠水	漫灌	200

（续）

年份	作物名称	灌溉时间（月-日）	作物物候期	灌溉水源	灌溉方式	灌溉量（mm）
2010	棉花	03-07	播种前期	渠水	漫灌	360
2010	棉花	06-25	现蕾期	井水	漫灌	225
2010	棉花	07-12	开花期	井水	漫灌	225
2010	棉花	08-02	打顶期	井水	漫灌	285
2010	棉花	08-29	吐絮期	井水	漫灌	300
2011	棉花	03-02	播种前期	渠水	漫灌	450
2011	棉花	06-30	开花期	井水	涌泉灌	337
2011	棉花	07-15	打顶期	井水	涌泉灌	315
2011	棉花	08-09	打顶期	井水	涌泉灌	315
2011	棉花	08-25	吐絮期	井水	涌泉灌	157
2011	棉花	11-10	收获期	渠水	漫灌	450
2012	棉花	02-25	播种前期	渠水	漫灌	450
2012	棉花	06-12	开花期	井水	涌泉灌	315
2012	棉花	07-05	打顶期	井水	涌泉灌	315
2012	棉花	08-01	打顶期	井水	涌泉灌	315
2012	棉花	08-20	吐絮期	井水	涌泉灌	150
2012	棉花	11-11	收获期	渠水	漫灌	450
2013	棉花	02-27	播种前期	渠水	漫灌	449.77
2013	棉花	06-26	开花期	渠水	涌泉灌	314.84
2013	棉花	07-20	打顶期	渠水	涌泉灌	314.84
2013	棉花	08-13	打顶期	渠水	涌泉灌	314.84
2013	棉花	08-22	吐絮期	渠水	涌泉灌	150.42
2013	棉花	11-13	收获期	渠水	漫灌	449.77
2014	棉花	02-25	播种前期	渠水	漫灌	449.77
2014	棉花	07-02	开花期	渠水	涌泉灌	314.84
2014	棉花	07-22	打顶期	渠水	涌泉灌	314.84
2014	棉花	08-11	打顶期	渠水	涌泉灌	314.84
2014	棉花	08-22	吐絮期	渠水	涌泉灌	150.42
2014	棉花	11-20	收获期	渠水	漫灌	449.77
2015	棉花	02-28	播种前期	渠水	漫灌	449.77
2015	棉花	06-24	现蕾期	井水	滴灌	40.00
2015	棉花	07-08	开花期	井水	滴灌	40.00
2015	棉花	07-13	开花期	井水	滴灌	40.00
2015	棉花	07-22	打顶期	井水	滴灌	40.00
2015	棉花	07-28	打顶期	井水	滴灌	40.00
2015	棉花	08-04	打顶期	井水	滴灌	40.00
2015	棉花	08-17	花铃期	井水	滴灌	40.00
2015	棉花	08-30	吐絮期	井水	滴灌	40.00
2015	棉花	11-25	收获期	渠水	漫灌	449.77

表 3-9　站区调查点 1 号采样地农田灌溉制度

年份	作物名称	灌溉时间（月-日）	作物物候期	灌溉水源	灌溉方式	灌溉量（mm）
2008	棉花	01-29	春灌	渠水	漫灌	200
2008	棉花	06-12	蕾期	渠水	漫灌	150
2008	棉花	06-21	蕾期	渠水	漫灌	150
2008	棉花	07-07	铃期	渠水	漫灌	150
2008	棉花	08-13	铃期	渠水	漫灌	150
2008	棉花	11-29	冬灌	渠水	漫灌	200
2009	棉花	03-13	春灌	渠水	漫灌	150
2009	棉花	05-29	苗期	井水	滴灌	10
2009	棉花	06-06	现蕾期	井水	滴灌	15
2009	棉花	06-13	现蕾期	井水	滴灌	15
2009	棉花	06-21	现蕾期	井水	滴灌	15
2009	棉花	06-27	现蕾期	井水	滴灌	15
2009	棉花	07-20	开花期	井水	滴灌	21
2009	棉花	07-27	打顶期	井水	滴灌	21
2009	棉花	08-03	打顶期	井水	滴灌	21
2009	棉花	08-10	打顶期	井水	滴灌	21
2009	棉花	08-17	打顶期	井水	滴灌	21
2009	棉花	08-24	吐絮期	井水	滴灌	21
2009	棉花	08-31	吐絮期	井水	滴灌	11
2009	棉花	11-08	冬灌	渠水	漫灌	200
2010	棉花	03-07	播种前期	渠水	漫灌	360
2010	棉花	06-24	现蕾期	井水	滴灌	28.5
2010	棉花	07-01	现蕾期	井水	滴灌	30
2010	棉花	07-08	开花期	井水	滴灌	28.5
2010	棉花	07-15	开花期	井水	滴灌	30
2010	棉花	07-21	打顶期	井水	滴灌	30
2010	棉花	07-29	打顶期	井水	滴灌	30
2010	棉花	08-05	打顶期	井水	滴灌	30
2010	棉花	08-12	打顶期	井水	滴灌	30
2010	棉花	08-19	打顶期	井水	滴灌	30
2010	棉花	08-26	吐絮期	井水	滴灌	30
2011	棉花	03-01	播种前期	渠水	漫灌	450
2011	棉花	06-14	现蕾期	井水	滴灌	45
2011	棉花	06-28	开花期	井水	滴灌	45
2011	棉花	07-06	开花期	井水	滴灌	49
2011	棉花	07-13	打顶期	井水	滴灌	45
2011	棉花	07-18	打顶期	井水	滴灌	45
2011	棉花	07-27	打顶期	井水	滴灌	45
2011	棉花	08-04	打顶期	井水	滴灌	45

（续）

年份	作物名称	灌溉时间（月-日）	作物物候期	灌溉水源	灌溉方式	灌溉量（mm）
2011	棉花	08 - 16	吐絮期	井水	滴灌	40
2011	棉花	08 - 24	吐絮期	井水	滴灌	45
2011	棉花	11 - 09	收获期	井水	漫灌	450
2012	棉花	02 - 25	播种前期	渠水	漫灌	450
2012	棉花	06 - 23	现蕾期	井水	滴灌	45
2012	棉花	06 - 30	开花期	井水	滴灌	45
2012	棉花	07 - 07	开花期	井水	滴灌	45
2012	棉花	07 - 14	打顶期	井水	滴灌	45
2012	棉花	07 - 21	打顶期	井水	滴灌	45
2012	棉花	07 - 28	打顶期	井水	滴灌	45
2012	棉花	08 - 05	打顶期	井水	滴灌	45
2012	棉花	08 - 12	吐絮期	井水	滴灌	45
2012	棉花	08 - 19	吐絮期	井水	滴灌	45
2012	棉花	11 - 11	收获期	井水	漫灌	450
2013	棉花	02 - 27	播种前期	渠水	漫灌	449.77
2013	棉花	06 - 22	现蕾期	井水	滴灌	30.00
2013	棉花	06 - 30	现蕾期	井水	滴灌	30.00
2013	棉花	07 - 08	开花期	井水	滴灌	30.00
2013	棉花	07 - 16	开花期	井水	滴灌	30.00
2013	棉花	07 - 23	打顶期	井水	滴灌	30.00
2013	棉花	07 - 30	打顶期	井水	滴灌	30.00
2013	棉花	08 - 08	打顶期	井水	滴灌	30.00
2013	棉花	08 - 16	吐絮期	井水	滴灌	30.00
2013	棉花	08 - 24	吐絮期	井水	滴灌	30.00
2013	棉花	11 - 13	收获期	渠水	漫灌	449.77
2014	棉花	02 - 25	播种前期	渠水	漫灌	449.77
2014	棉花	06 - 15	苗期	井水	滴灌	30.00
2014	棉花	06 - 30	现蕾期	井水	滴灌	30.00
2014	棉花	07 - 08	开花期	井水	滴灌	30.00
2014	棉花	07 - 16	开花期	井水	滴灌	30.00
2014	棉花	07 - 22	打顶期	井水	滴灌	30.00
2014	棉花	07 - 28	打顶期	井水	滴灌	30.00
2014	棉花	08 - 07	打顶期	井水	滴灌	30.00
2014	棉花	08 - 18	吐絮期	井水	滴灌	30.00
2014	棉花	08 - 25	吐絮期	井水	滴灌	30.00
2014	棉花	11 - 20	收获期	渠水	漫灌	449.77
2015	棉花	02 - 28	播种前期	渠水	漫灌	449.77

（续）

年份	作物名称	灌溉时间（月-日）	作物物候期	灌溉水源	灌溉方式	灌溉量（mm）
2015	棉花	06－22	现蕾期	井水	滴灌	40.00
2015	棉花	07－06	开花期	井水	滴灌	40.00
2015	棉花	07－10	开花期	井水	滴灌	40.00
2015	棉花	07－20	打顶期	井水	滴灌	40.00
2015	棉花	07－25	打顶期	井水	滴灌	40.00
2015	棉花	08－02	打顶期	井水	滴灌	40.00
2015	棉花	08－15	花铃期	井水	滴灌	40.00
2015	棉花	08－28	吐絮期	井水	滴灌	40.00
2015	棉花	11－25	收获期	渠水	漫灌	449.77

3.1.4　作物生育动态数据集

3.1.4.1　概述

本数据集包括阿克苏站 2008—2015 年 3 个长期监测样地的年尺度观测数据（作物品种、物候期）。各观测点信息如下：综合观测场土壤生物采样地（AKAZH01ABC_01，E 80°49′47.1″，N 40°37′5.2″）、辅助观测场长期观测采样地（化肥＋秸秆还田）（AKAFZ02AB0_01，E 80°49′45.8″，N 40°37′3.7″）、站区调查点 1 号采样地（AKAZQ01AB0_01，E 80°49′51.5″，N 40°37′13.7″）。

3.1.4.2　数据采集和处理方法

本数据集 3 个长期生物采样地的数据主要通过观测人员观测场实地调查和记录获得。每年观测人员随作物生育时期进行动态观测，并根据作物外部形态的变化特征，及时记录作物各个生育时期开始出现的日期。

3.1.4.3　数据质量控制和评估

（1）数据获取过程的质量控制。严格翔实地记录调查时间、核查并记录样地名称代码，真实记录每一物候期作物种类、品种和日期。在站区调查点可结合农户调查获取资料。对于农户调查获取的数据，尽量进行多人次重复验证调查，并与对应田间调查地块进行自测，对比两种方法获取数据的吻合程度，避免出现人为原因产生错误数据。

（2）规范原始数据记录的质控措施。原始数据记录是保证各种数据问题的溯源查询依据，要求做到：数据真实、记录规范、书写清晰、数据及辅助信息完整等。使用专用、规范印制的数据记录表和记录本，根据本站调查任务制定年度工作调查记录本，按照调查内容和时间顺序依次排列，装订、定制成本。使用铅笔或黑色碳素笔规范整齐填写，原始数据不得删除或涂改，如记录或观测有误，需将原有数据轻画横线标记，并将审核后正确数据记录在原数据旁或备注栏，并签名。

（3）数据辅助信息记录的质控措施。在进行农户或田间自测调查时，要求对样地位置、调查日期、调查农户信息、样地环境状况做翔实描述与记录，并对相关的样地管理措施、病虫害、灾害等信息同时记录。

（4）数据质量评估。将所获取的数据与各项辅助信息数据以及历史数据信息进行比较和阈值检查，评价数据的正确性、一致性、完整性、可比性和连续性，对监测数据超出历史数据阈值范围的进行校验，删除异常值或标注说明。经过生物监测负责人审核认定，批准后上报。

3.1.4.4　数据

各采样地棉花生育动态数据见表 3-10 至表 3-12。

表 3 - 10 综合观测场土壤生物采样地棉花生育动态

年份	作物品种	播种期	出苗期	现蕾期	开花期	打顶期	吐絮期	收获期
2008	中棉 49	04 - 26	05 - 07	06 - 08	06 - 28	07 - 14	08 - 25	11 - 01
2009	拓农 1 号	04 - 23	05 - 01	06 - 09	07 - 07	07 - 18	08 - 22	11 - 01
2010	拓农 1 号	04 - 24	05 - 02	06 - 10	07 - 03	07 - 20	08 - 25	12 - 04
2011	塔河 36	05 - 02	05 - 08	06 - 12	06 - 28	07 - 23	08 - 19	11 - 29
2012	塔棉 2 号	04 - 23	04 - 30	06 - 04	06 - 22	07 - 17	08 - 12	11 - 30
2013	塔棉 2 号	04 - 27	05 - 04	06 - 09	06 - 27	07 - 21	08 - 15	11 - 30
2014	塔棉 2 号	04 - 15	04 - 27	06 - 18	07 - 06	07 - 22	08 - 15	11 - 30
2015	塔棉 2 号	04 - 21	05 - 10	06 - 18	07 - 06	07 - 20	08 - 25	11 - 30

表 3 - 11 辅助观测场长期观测采样地（化肥＋秸秆还田）棉花生育动态

年份	作物品种	播种期	出苗期	现蕾期	开花期	打顶期	吐絮期	收获期
2008	中棉 49	04 - 26	05 - 07	06 - 08	06 - 28	07 - 14	08 - 25	11 - 01
2009	拓农 1 号	04 - 23	05 - 01	06 - 09	07 - 07	07 - 18	08 - 23	11 - 01
2010	拓农 1 号	04 - 24	05 - 02	06 - 10	07 - 03	07 - 21	08 - 25	12 - 04
2011	塔河 36	05 - 02	05 - 08	06 - 12	06 - 28	07 - 23	08 - 20	12 - 01
2012	塔棉 2 号	04 - 23	04 - 30	06 - 04	06 - 22	07 - 17	08 - 12	12 - 02
2013	塔棉 2 号	04 - 27	05 - 04	06 - 09	06 - 27	07 - 21	08 - 15	11 - 30
2014	塔棉 2 号	04 - 15	04 - 27	06 - 18	07 - 06	07 - 22	08 - 15	11 - 30
2015	塔棉 2 号	04 - 21	05 - 10	06 - 18	07 - 06	07 - 20	08 - 25	11 - 30

表 3 - 12 站区调查点 1 号采样地棉花生育动态

年份	作物品种	播种期	出苗期	现蕾期	开花期	打顶期	吐絮期	收获期
2008	中棉 49	04 - 16	04 - 26	05 - 30	06 - 20	07 - 05	08 - 15	11 - 01
2009	拓农 1 号	04 - 24	05 - 02	06 - 08	07 - 09	07 - 15	08 - 26	11 - 01
2010	拓农 1 号	04 - 25	05 - 02	06 - 10	07 - 03	07 - 21	08 - 25	12 - 04
2011	塔河 36	04 - 30	05 - 08	06 - 12	06 - 28	07 - 17	08 - 22	12 - 06
2012	塔棉 2 号	04 - 23	04 - 30	06 - 04	06 - 22	07 - 17	08 - 13	12 - 05
2013	塔棉 2 号	04 - 27	05 - 04	06 - 09	06 - 27	07 - 21	08 - 15	11 - 30
2014	塔棉 2 号	04 - 15	04 - 27	06 - 18	07 - 06	07 - 22	08 - 15	11 - 30
2015	塔棉 2 号	04 - 21	05 - 10	06 - 18	07 - 06	07 - 20	08 - 25	11 - 30

3.1.5 作物耕作层根生物量数据集

3.1.5.1 概述

本数据集包括阿克苏站 2008—2015 年 3 个长期监测样地的年尺度观测数据（作物名称、作物品种、作物生育期、样方面积、耕作层深度、根干重和约占总根干重比例）。各观测点信息如下：综合观测场土壤生物采样地（AKAZH01ABC_01，E 80°49′47.1″，N 40°37′05.2″）、辅助观测场长期观测采样地（化肥＋秸秆还田）（AKAFZ02AB0_01，E 80°49′45.8″，N 40°37′03.7″）、站区调查点 1 号采样地（AKAZQ01AB0_01，E 80°49′51.5″，N 40°37′13.7″）。

3.1.5.2　数据采集和处理方法

本数据集 3 个长期生物采样地的数据主要通过观测人员各观测场实地采样调查和记录获得。每年于作物收获期利用土钻法对耕作层 0～30 cm 土层中的根系进行样方调查和采样，处理后计算获得。具体操作方法：在作物收获期，在 3 个长期生物采样地分别选取具有代表性的地段布设 100 cm ×100 cm 的样方，利用根钻分别对膜下、膜间 20 cm 土层进行 3～6 个样方的重复取样。采集的土柱根系样品放入盛有水的容器内进行冲洗，然后进行形态特征观测或经烘干处理后进行称重。

3.1.5.3　数据质量控制和评估

（1）数据获取过程的质量控制。严格翔实地记录调查时间、核查并记录样地名称代码，真实记录每季作物品种、样方面积、耕作层深度。根系采样过程中，在抖掉附着的泥土时，应尽量保持根系的完整。采集时必须填写样品采集登记表，并做好田间采样记录，对一些特殊情况也应进行记录，以便查对和分析数据时参考。采集好的样品应尽快送往实验室，注意通风干燥，以防样品发霉、腐烂。样品要及时处理和分析，当天不能处理完的样品，要暂时放在冰箱冷藏。

（2）规范原始数据记录的质控措施。原始数据记录是保证各种数据问题的溯源查询依据，要求做到：数据真实、记录规范、书写清晰、数据及辅助信息完整等。使用专用、规范印制的数据记录表和记录本，根据本站调查任务制定年度工作调查记录本，按照调查内容和时间顺序依次排列，装订、定制成本。使用铅笔或黑色碳素笔规范整齐填写，原始数据不得删除或涂改，如记录或观测有误，需将原有数据轻画横线标记，并将审核后的正确数据记录在原数据旁或备注栏，并签名。

（3）数据辅助信息记录的质控措施。在进行农户或田间自测调查时，要求对样地位置、调查日期、调查农户信息、样地环境状况做翔实描述与记录，并同时记录相关的样地管理措施、病虫害、灾害等信息。

（4）数据质量评估。将所获取的数据与各项辅助信息数据以及历史数据信息进行比较和阈值检查，评价数据的正确性、一致性、完整性、可比性和连续性，对监测数据超出历史数据阈值范围的进行校验，删除异常值或标注说明。经过生物监测负责人审核认定，批准后上报。

3.1.5.4　数据价值/数据使用方法和建议

根系为作物与土壤中的水分、养分之间的重要的运输工具，不同水分、养分、盐分和耕作措施对作物根系在地下分布具有重要影响。根系在地下分布广泛，导致根系的研究比地上部相对困难，而且根系研究的难点还在于如何对田间作物的根系有代表性的取样。阿克苏站棉花根层根生物量的长期监测数据集可为绿洲棉田根系研究提供有力的数据支持。

3.1.5.5　数据

各采样地棉花耕层根生物量数据见表 3-13 至表 3-15。

表 3-13　综合观测场土壤生物采样地棉花耕层根生物量

年份	月份	作物名称	作物品种	作物生育期	样方面积 (cm×cm)	耕作层深度 (cm)	根干重 (g/m²)		约占总根干重比例 (%)		重复数
							平均值	标准差	平均值	标准差	
2008	9	棉花	中棉 49	收获期	100×100	20	136.03	10.30	66.4	2.0	4
2009	9	棉花	拓农 1 号	收获期	100×100	20	154.70	31.50	66.7	11.0	4
2010	9	棉花	拓农 1 号	收获期	100×100	20	90.29	17.96	82.3	8.3	4
2011	9	棉花	塔河 36	收获期	100×100	20	58.30	7.53	68.9	2.8	3
2012	9	棉花	塔棉 2 号	收获期	100×100	20	59.13	4.93	69.8	1.9	3
2013	9	棉花	塔棉 2 号	收获期	100×100	20	79.90	3.41	54.6	0.7	3
2014	9	棉花	塔棉 2 号	收获期	100×100	20	78.89	4.51	55.5	1.4	3
2015	9	棉花	塔棉 2 号	收获期	100×100	20	146.41	45.96	66.3	2.4	3

表 3-14　辅助观测场长期观测采样地（化肥＋秸秆还田）棉花耕层根生物量

年份	月份	作物名称	作物品种	作物生育期	样方面积（cm×cm）	耕作层深度（cm）	根干重（g/m²）		约占总根干重比例（%）		重复数
							平均值	标准差	平均值	标准差	
2008	9	棉花	中棉 49	收获期	100×100	20	123.69	8.46	66.1	0.5	4
2009	9	棉花	拓农 1 号	收获期	100×100	20	161.33	26.13	70.4	7.7	4
2010	9	棉花	拓农 1 号	收获期	100×100	20	123.85	21.26	74.9	6.7	4
2011	9	棉花	塔河 36	收获期	100×100	20	58.97	2.51	68.3	2.2	3
2012	9	棉花	塔棉 2 号	收获期	100×100	20	58.60	2.26	69.5	2.6	3
2013	9	棉花	塔棉 2 号	收获期	100×100	20	80.18	1.69	55.8	1.4	3
2014	9	棉花	塔棉 2 号	收获期	100×100	20	78.98	2.09	56.6	1.4	3
2015	9	棉花	塔棉 2 号	收获期	100×100	20	162.14	8.39	66.7	0.7	3

表 3-15　站区调查点 1 号采样地棉花耕层根生物量

年份	月份	作物名称	作物品种	作物生育期	样方面积（cm×cm）	耕作层深度（cm）	根干重（g/m²）		约占总根干重比例（%）		重复数
							平均值	标准差	平均值	标准差	
2008	9	棉花	中棉 49	收获期	100×100	20	158.45	11.58	64.6	0.9	4
2009	9	棉花	拓农 1 号	收获期	100×100	20	234.12	91.78	50.9	9.1	4
2010	9	棉花	拓农 1 号	收获期	100×100	20	132.35	17.03	68.4	7.8	4
2011	9	棉花	塔河 36	收获期	100×100	20	73.90	5.21	70.4	2.6	3
2012	9	棉花	塔棉 2 号	收获期	100×100	20	72.70	5.55	70.6	2.7	3
2013	9	棉花	塔棉 2 号	收获期	100×100	20	84.34	2.02	55.1	1.0	3
2014	9	棉花	塔棉 2 号	收获期	100×100	20	85.04	1.45	56.2	0.7	3
2015	9	棉花	塔棉 2 号	收获期	100×100	20	152.57	23.90	65.4	0.6	3

3.1.6　作物收获期性状数据集

3.1.6.1　概述

本数据集包括阿克苏站 2008—2015 年 3 个长期监测样地的年尺度观测数据［年份、月份、作物品种、调查株数、株高、单株果枝数、单株铃数、脱落率、铃重、衣分、籽指、地上部总干重（g/株）、籽棉干重（g/株）和皮棉干重（g/株）］。各观测点信息如下：综合观测场土壤生物采样地（AKA-ZH01ABC＿01，E 80°49′47.1″，N 40°37′5.2″）、辅助观测场长期观测采样地（化肥＋秸秆还田）（AKAFZ02AB0＿01，E 80°49′45.8″，N 40°37′3.7″）、站区调查点 1 号采样地（AKAZQ01AB0＿01，E 80°49′51.5″，N 40°37′13.7″）。

3.1.6.2　数据采集和处理方法

本数据集 3 个长期生物采样地的数据主要通过观测人员各观测场实地调查和记录获得。每年于作物收获期与作物产量的测定结合进行。在选取的样方中根据作物植株长势大小进行确定，选择 20 株长势比较均匀的植株，将选好的植株地上部和籽粒分别编码取下立即装袋，勿使籽粒和茎叶散落损失。对取下的籽粒进行人工精细脱粒，处理后计算获得测产结果，除籽粒外的地上部烘干后准确称重（总干重应包括籽粒重量）。

3.1.6.3　数据质量控制和评估

（1）数据获取过程的质量控制。严格翔实地记录采样调查时间、核查并记录样地名称代码，真实记录每季作物品种、调查株数。棉花植株采样过程中，应尽量保持样品的完整。采集时必须填写样品采集登记表，并做好田间采样记录，对一些特殊情况也应进行记录，以便查对和分析数据时参考。采集好的样品应尽快送往实验室，注意通风干燥，以防样品发霉、腐烂。样品要及时处理和分析，当天不能处理完的样品，要暂时放在冰箱冷藏。

（2）规范原始数据记录的质控措施。原始数据记录是保证各种数据问题的溯源查询依据，要求做到：数据真实、记录规范、书写清晰、数据及辅助信息完整等。使用专用、规范印制的数据记录表和记录本，根据本站调查任务制定年度工作调查记录本，按照调查内容和时间顺序依次排列，装订、定制成本。使用铅笔或黑色碳素笔规范整齐填写，原始数据不得删除或涂改，如记录或观测有误，需将原有数据轻画横线标记，并将审核后正确数据记录在原数据旁或备注栏，并签名。

（3）数据辅助信息记录的质控措施。在进行农户或田间自测调查时，要求对样地位置、调查日期、调查农户信息、样地环境状况做翔实描述与记录，并同时记录相关的样地管理措施、病虫害、灾害等信息。

（4）数据质量评估。将所获取的数据与各项辅助数据信息以及历史数据进行比较和阈值检查，评价数据的正确性、一致性、完整性、可比性和连续性，对监测数据超出历史数据阈值范围的进行校验，删除异常值或标注说明。经过生物监测负责人审核认定，批准后上报。

3.1.6.4　数据

各采样地棉花收获期植株性状数据见表 3-16 至表 3-21。

表 3-16　综合观测场土壤生物采样地棉花收获期植株性状（一）

年份	月份	作物品种	调查株数	株高（cm）		单株果枝数		单株铃数		脱落率（%）		铃重（g）	
				平均值	标准差	平均值	标准差	平均值	标准差	平均值	标准差	平均值	标准差
2008	9	中棉 49	20	64.9	4.3	5.6	0.4	4.6	0.3	81.2	2.1	6.0	0.2
2009	9	拓农 1 号	20	75.6	2.8	9.9	0.8	9.1	2.0	48.4	9.7	6.4	0.3
2010	9	拓农 1 号	20	77.0	1.1	10.1	0.1	7.7	0.7	40.7	3.8	7.0	1.1
2011	9	塔河 36	20	64.6	0.8	9.6	0.6	8.2	0.4	38.1	0.9	6.3	0.3
2012	9	塔棉 2 号	20	64.6	3.0	9.1	0.4	6.8	0.5	39.6	0.6	6.3	0.3
2013	9	塔棉 2 号	20	63.9	0.6	7.8	0.4	6.8	0.5	40.1	0.6	6.5	0.3
2014	9	塔棉 2 号	20	64.0	0.4	7.5	0.4	7.5	0.6	39.8	0.6	6.0	0.4
2015	9	塔棉 2 号	20	60.0	5.3	6.8	0.5	6.8	0.5	37.4	3.5	6.0	0.2

表 3-17　综合观测场土壤生物采样地棉花收获期植株性状（二）

年份	月份	作物品种	衣分（%）		籽指（g）		地上部总干重（g/株）		籽棉干重（g/株）		皮棉干重（g/株）		重复数
			平均值	标准差	平均值	标准差	平均值	标准差	平均值	标准差	平均值	标准差	
2008	9	中棉 49	41.9	1.1	14.5	1.3	66.02	4.81	25.37	0.55	10.47	0.34	4
2009	9	拓农 1 号	43.6	0.7	10.0	0.1	39.82	3.84	24.67	3.07	10.95	1.37	4
2010	9	拓农 1 号	41.6	0.7	10.1	0.4	41.08	5.76	38.98	3.00	14.98	1.77	4
2011	9	塔河 36	41.8	0.9	10.0	0.2	52.35	5.77	37.30	1.74	15.28	1.18	4
2012	9	塔棉 2 号	40.2	0.5	10.0	0.2	92.13	12.06	38.05	0.54	15.88	0.41	4
2013	9	塔棉 2 号	42.2	0.6	10.2	0.2	83.57	2.27	43.73	3.52	18.48	1.66	4

（续）

年份	月份	作物品种	衣分（%）		籽指（g）		地上部总干重（g/株）		籽棉干重（g/株）		皮棉干重（g/株）		重复数
			平均值	标准差	平均值	标准差	平均值	标准差	平均值	标准差	平均值	标准差	
2014	9	塔棉2号	42.8	1.4	8.8	0.6	80.54	0.60	42.49	2.48	18.16	0.95	4
2015	9	塔棉2号	43.1	1.5	9.1	0.3	82.53	9.02	43.24	5.75	18.62	2.53	4

表3-18　辅助观测场长期观测采样地（化肥＋秸秆还田）棉花收获期植株性状（一）

年份	月份	作物品种	调查株数	株高（cm）		单株果枝数		单株铃数		脱落率（%）		铃重（g）	
				平均值	标准差	平均值	标准差	平均值	标准差	平均值	标准差	平均值	标准差
2008	9	中棉49	20	60.2	2.1	5.2	0.3	3.9	0.2	81.9	2.0	5.8	0.3
2009	9	拓农1号	20	82.0	1.7	9.9	0.6	8.2	1.7	47.5	4.3	5.1	0.4
2010	9	拓农1号	20	78.2	1.5	9.9	0.3	7.4	0.8	38.1	2.9	7.1	1.9
2011	9	塔河36	20	71.5	2.5	8.9	0.6	7.5	0.5	40.8	2.1	6.5	0.3
2012	9	塔棉2号	20	65.8	2.8	9.4	0.5	7.6	0.5	40.5	1.1	6.3	0.3
2013	9	塔棉2号	20	63.6	0.9	8.0	0.3	6.5	0.6	40.5	0.5	6.3	0.2
2014	9	塔棉2号	20	63.5	0.9	7.3	0.5	7.3	0.5	39.9	0.5	5.6	0.4
2015	9	塔棉2号	20	68.9	3.5	8.0	0.8	7.3	1.0	41.5	3.1	6.1	0.3

表3-19　辅助观测场长期观测采样地（化肥＋秸秆还田）棉花收获期植株性状（二）

年份	月份	作物品种	衣分（%）		籽指（g）		地上部总干重（g/株）		籽棉干重（g/株）		皮棉干重（g/株）		重复数
			平均值	标准差	平均值	标准差	平均值	标准差	平均值	标准差	平均值	标准差	
2008	9	中棉49	40.9	0.9	14.6	0.8	46.98	5.75	24.46	0.60	9.92	0.34	4
2009	9	拓农1号	41.3	1.0	9.9	0.1	44.33	3.32	25.54	1.64	11.31	0.67	4
2010	9	拓农1号	39.5	1.1	9.7	0.2	37.13	1.94	30.50	3.54	11.00	1.50	4
2011	9	塔河36	39.6	0.6	10.7	0.4	51.78	5.97	32.73	3.23	14.78	0.82	4
2012	9	塔棉2号	39.9	0.9	10.5	0.3	89.48	5.00	36.83	1.53	15.43	0.84	4
2013	9	塔棉2号	41.4	0.9	10.5	0.3	83.28	1.54	40.37	0.60	16.71	0.37	4
2014	9	塔棉2号	41.3	0.9	9.0	0.2	80.40	1.24	40.35	1.65	16.68	0.90	4
2015	9	塔棉2号	42.1	1.6	8.9	0.5	93.38	3.25	47.27	3.87	19.89	1.22	4

表3-20　站区调查点1号采样地棉花收获期植株性状（一）

年份	月份	作物品种	调查株数	株高（cm）		单株果枝数		单株铃数		脱落率（%）		铃重（g）	
				平均值	标准差	平均值	标准差	平均值	标准差	平均值	标准差	平均值	标准差
2008	9	中棉49	20	91.9	4.1	5.8	0.5	4.6	0.4	84.7	1.6	6.1	0.2
2009	9	拓农1号	20	86.9	4.9	9.6	0.2	12.3	0.4	62.3	9.2	5.8	0.4
2010	9	拓农1号	20	77.7	0.3	10.4	0.7	10.0	0.7	45.4	5.1	7.2	1.1
2011	9	塔河36	20	91.4	5.8	10.4	0.4	10.9	0.7	45.4	0.6	7.2	0.3
2012	9	塔棉2号	20	80.7	4.3	10.4	0.6	11.1	0.7	42.4	1.1	6.8	0.4
2013	9	塔棉2号	20	63.7	0.6	7.8	0.5	6.8	0.5	40.5	0.9	6.7	0.2
2014	9	塔棉2号	20	66.0	1.7	8.0	0.5	7.8	0.5	40.3	0.8	5.7	0.6
2015	9	塔棉2号	20	51.2	3.6	6.3	0.5	6.3	0.5	41.3	1.9	6.0	0.1

表 3 - 21　站区调查点 1 号采样地棉花收获期植株性状（二）

年份	月份	作物品种	调查株数	衣分（%）		籽指（g）		地上部总干重（g/株）		籽棉干重（g/株）		皮棉干重（g/株）		重复数
				平均值	标准差	平均值	标准差	平均值	标准差	平均值	标准差	平均值	标准差	
2008	9	中棉 49	20	42.7	1.3	12.9	1.2	102.65	11.72	26.83	0.55	11.42	0.23	4
2009	9	拓农 1 号	20	42.9	1.5	9.7	0.2	59.97	6.96	30.94	5.34	13.32	2.42	4
2010	9	拓农 1 号	20	40.1	0.2	9.9	0.2	53.20	4.68	45.78	7.11	16.95	2.36	4
2011	9	塔河 36	20	41.6	1.2	11.0	0.6	73.08	8.92	49.63	3.36	20.98	0.53	4
2012	9	塔棉 2 号	20	42.1	0.5	11.2	0.3	100.90	4.53	43.30	0.83	19.70	0.71	4
2013	9	塔棉 2 号	20	41.9	0.7	10.7	0.3	84.29	1.80	46.15	2.08	19.32	1.04	4
2014	9	塔棉 2 号	20	42.4	1.9	9.1	0.5	82.54	3.39	43.47	2.36	18.39	0.87	4
2015	9	塔棉 2 号	20	42.4	1.9	8.8	0.3	71.17	4.90	37.45	2.47	15.86	1.18	4

3.1.7　作物产量数据集

3.1.7.1　概述

本数据集包括阿克苏站 2008—2015 年 3 个长期监测样地的年尺度观测数据［年、月、作物品种、样方面积、群体株高、密度、穗数、地上部总干重（g/ m²）、产量（g/m²）］。观测点信息如下：综合观测场土壤生物采样地（AKAZH01ABC_01，E 80°49′47.1″，N 40°37′5.2″）、辅助观测场长期观测采样地（化肥＋秸秆还田）（AKAFZ02AB0_01，E 80°49′45.8″，N 40°37′3.7″）、站区调查点 1 号采样地（AKAZQ01AB0_01，E 80°49′51.5″，N 40°37′13.7″）。

3.1.7.2　数据采集和处理方法

本数据集 3 个长期生物采样地的数据主要通过观测人员各观测场实地样方调查、处理后计算得出。收获期的测产采用样方取样测定，其取样与作物收获期植株性状的测定结合同时进行。在长期采样地内选取作物长势一致、株距均匀、不缺苗的地方进行 4～6 个重复取样，样方面积 4 m²（2 m×2 m），对所有样方在同一天内进行收获。

在质控数据的基础上，以年和不同作物为基础单元，统计计算各作物收获期的产量。

3.1.7.3　数据质量控制和评估

（1）数据获取过程的质量控制。对于农户调查获取的数据，尽量进行多人次重复验证调查，并与对应田间调查地块进行自测，对比两种方法获取数据的吻合程度，避免出现人为原因产生错误数据。对于自测数据，严格翔实地记录调查时间，核查并记录样地名称代码，真实记录每季作物的种类及品种。

（2）规范原始数据记录的质控措施。原始数据记录是保证各种数据问题的溯源查询依据，要求做到：数据真实、记录规范、书写清晰、数据及辅助信息完整等。使用专用、规范印制的数据记录表和记录本，根据本站调查任务制定年度工作调查记录本，按照调查内容和时间顺序依次排列，装订、定制成本。使用铅笔或黑色碳素笔规范整齐填写，原始数据不得删除或涂改，如记录或观测有误，需将原有数据轻画横线标记，并将审核后正确数据记录在原数据旁或备注栏，并签名。

（3）数据辅助信息的记录的质控措施。在进行农户或田间自测调查时，要求对样地位置、调查日期、调查农户信息、样地环境状况做翔实描述与记录，并对相关的样地管理措施、病虫害、灾害等信息同时记录。

（4）数据质量评估。将所获取的数据与各项辅助信息数据以及历史数据信息进行比较和阈值检查，评价数据的正确性、一致性、完整性、可比性和连续性，对监测数据超出历史数据阈值范围的进行校验，删除异常值或标注说明。经过生物监测负责人和站长审核认定，批准后上报。

3.1.7.4 数据

各采样地棉花收获期测产数据见表3-22至表3-24。

表3-22 综合观测场土壤生物采样地棉花收获期测产

年份	月份	作物品种	样方面积（m²）	群体株高（cm）		密度（株/m²）		穗数（穗/m²）		地上部总干重（g/m²）		产量（g/m²）		重复数
				平均值	标准差	平均值	标准差	平均值	标准差	平均值	标准差	平均值	标准差	
2008	9	中棉49	4.0	64.9	4.3	20.5	0.6	93.7	4.7	1 352.98	98.99	519.89	11.62	4
2009	9	拓农1号	4.0	75.6	2.8	16.3	1.3	147.8	33.2	1 389.95	107.75	402.69	72.10	4
2010	9	拓农1号	4.0	77.0	1.1	22.6	0.9	173.8	10.6	1 901.85	116.68	246.98	30.38	4
2011	9	塔河36	4.0	64.6	0.8	22.3	1.4	184.8	20.2	1 173.95	196.77	553.73	52.16	4
2012	9	塔棉2号	4.0	64.4	3.0	22.3	0.7			2 050.05	210.96	538.63	28.35	4
2013	9	塔棉2号	4.0	63.9	0.6	21.8	0.5			1 754.93	47.77	576.01	44.30	4
2014	9	塔棉2号	4.0	64.0	0.6	20.0	0.0			1 549.99	31.14	538.13	10.66	4
2015	9	塔棉2号	4.0	60.0	5.3	19.8	0.5			1 650.60	180.45	360.19	35.39	4

表3-23 辅助观测场长期观测采样地（化肥＋秸秆还田）棉花收获期测产

年份	月份	作物品种	样方面积（m²）	群体株高（cm）		密度（株/m²）		穗数（穗/m²）		地上部总干重（g/m²）		产量（g/m²）		重复数
				平均值	标准差	平均值	标准差	平均值	标准差	平均值	标准差	平均值	标准差	
2008	9	中棉49	4.0	60.2	2.1	20.8	0.5	79.9	3.4	975.74	131.08	507.33	8.83	4
2009	9	拓农1号	4.0	82.0	1.7	18.6	0.3	152.3	31.5	1 229.98	106.54	474.55	34.14	4
2010	9	拓农1号	4.0	78.2	1.5	23.3	0.8	172.6	25.1	2 076.08	189.00	223.63	30.01	4
2011	9	塔河36	4.0	71.5	2.5	24.6	1.4	184.5	19.5	1 276.45	178.85	547.08	26.01	4
2012	9	塔棉2号	4.0	65.8	2.8	23.1	0.8			2 063.55	102.03	525.90	19.56	4
2013	9	塔棉2号	4.0	63.6	0.9	22.5	0.6			1 748.74	32.18	533.88	18.27	4
2014	9	塔棉2号	4.0	63.5	1.7	20.0	0.0			1 705.66	32.18	498.51	25.41	4
2015	9	塔棉2号	4.0	68.9	3.5	20.8	1.7			1 867.58	65.01	386.23	29.76	4

表3-24 站区调查点1号采样地棉花收获期测产

年份	月份	作物品种	样方面积（m²）	群体株高（cm）		密度（株/m²）		穗数（穗/m²）		地上部总干重（g/m²）		籽棉产量（kg/hm²）		重复数
				平均值	标准差	平均值	标准差	平均值	标准差	平均值	标准差	平均值	标准差	
2008	9	中棉49	4	91.9	4.1	20.3	0.5	92.1	8.5	2 075.56	205.20	543.11	3.28	4
2009	9	拓农1号	4	86.9	4.9	17.5	0.5	213.6	3.8	2 200.78	309.22	538.93	86.88	4
2010	9	拓农1号	4	77.7	0.3	21.1	0.2	210.3	15.8	2 053.88	63.27	400.00	21.62	4
2011	9	塔河36	4	91.4	5.8	21.9	1.2	225.5	12.9	1 599.20	217.35	650.40	19.26	4
2012	9	塔棉2号	4	80.7	4.3	22.5	0.7			2 265.65	60.77	605.95	18.47	4
2013	9	塔棉2号	4	63.7	0.6	21.8	0.6			1 770.15	37.75	609.23	28.91	4
2014	9	塔棉2号	4	66.0	1.7	20.0	0.0			1 795.36	37.75	578.73	2.43	4
2015	9	塔棉2号	4	51.2	3.6	21.8	0.5			1 423.43	98.05	326.51	24.40	4

3.1.8　作物元素含量与能值数据集

3.1.8.1　概述

本数据集包括阿克苏站 2013—2015 年 3 个长期监测样地的观测数据（年份、作物品种、采样部位、全碳、全氮、全磷、全钾、全硫、全钙、全镁、全铁、全硅、全锰、全铜、全锌、全钼、全硼、全硅、干重热值和灰分），调查间隔为 5 年。各观测点信息如下：综合观测场土壤生物采样地（AKAZH01ABC_01，E 80°49′47.1″，N 40°37′5.2″）、辅助观测场长期观测采样地（化肥＋秸秆还田）（AKAFZ02AB0_01，E 80°49′45.8″，N 40°37′3.7″）、站区调查点 1 号采样地（AKAZQ01AB0_01，E 80°49′51.5″，N 40°37′13.7″）。

3.1.8.2　数据采集和处理方法

本数据集 3 个长期生物采样地的数据主要通过观测人员各观测场实地采样调查、分析记录获得。作物元素含量与能值分析的样品来自收获期作物形状调查的样品，棉花主要观测茎叶、籽粒、根系，样品取回实验室粉碎后进行测试分析。

数据产品处理方法是在质控数据基础上，计算多个观测结果的统计平均值，并注明重复数和标准差。无重复测量的结果按实际结果来确定。

3.1.8.3　数据质量控制和评估

（1）数据获取过程的质量控制。严格翔实地记录调查时间，核查并记录样地名称代码，真实记录每季作物种类及品种。

（2）规范原始数据记录的质控措施。原始数据记录是保证各种数据问题的溯源查询依据，要求做到：数据真实、记录规范、书写清晰、数据及辅助信息完整等。使用专用、规范印制的数据记录表和记录本，根据本站调查任务制定年度工作调查记录本，按照调查内容和时间顺序依次排列，装订、定制成本。使用铅笔或黑色碳素笔规范整齐填写，原始数据不得删除或涂改，如记录或观测有误，需将原有数据轻画横线标记，并将审核后正确数据记录在原数据旁或备注栏，并签名。

（3）数据辅助信息记录的质控措施。在进行农户或田间自测调查时，要求对样地位置、调查日期、调查农户信息、样地环境状况做翔实描述与记录，并同时记录相关的样地管理措施、病虫害、灾害等信息。

（4）数据质量评估。将所获取的数据与各项辅助信息数据以及历史数据信息进行比较和阈值检查，评价数据的正确性、一致性、完整性、可比性和连续性，对监测数据超出历史数据阈值范围的进行校验，删除异常值或标注说明。经过生物监测负责人审核认定，批准后上报。

3.1.8.4　数据

各采样地棉花元素含量与能值数据见表 3 - 25 至表 3 - 30。

表 3 - 25　综合观测场土壤生物采样地棉花元素含量与能值（一）

年份	作物品种	采样部位	全碳（g/kg）		全氮（g/kg）		全磷（g/kg）		全钾（g/kg）		全硫（g/kg）		全钙（g/kg）		全镁（g/kg）		全铁（g/kg）		重复数
			平均值	标准差	平均值	标准差	平均值	标准差	平均值	标准差	平均值	标准差	平均值	标准差	平均值	标准差	平均值	标准差	
2013	塔棉 2 号	根	451.58	30.43	8.01	2.00	2.42	0.08	9.47	0.42	3.12	0.40	7.35	0.35	0.36	0.06	1.27	0.17	3
2013	塔棉 2 号	茎	435.64	6.36	15.39	1.46	2.96	0.12	7.91	1.05	2.62	0.19	29.61	1.90	0.51	0.05	1.90	0.67	3
2013	塔棉 2 号	籽粒	586.30	8.42	32.60	0.37	3.75	0.34	9.02	0.44	3.45	0.06	2.82	0.16	0.38	0.03	0.09	0.01	3
2015	塔棉 2 号	根	398.07	4.99	8.29	3.35	3.14	0.31	8.38	0.60	3.82	0.83	14.68	4.78	5.94	0.85	2.66	0.48	3
2015	塔棉 2 号	茎	392.20	8.81	14.24	1.09	3.54	0.21	7.02	1.15	2.91	0.84	12.05	0.82	3.08	0.57	0.47	0.08	3
2015	塔棉 2 号	籽粒	387.36	25.15	16.56	2.79	4.08	0.82	8.17	0.68	3.75	0.68	1.58	0.38	4.22	0.76	0.25	0.09	3

表 3-26　综合观测场土壤生物采样地棉花元素含量与能值（二）

年份	作物品种	采样部位	全锰 (mg/kg) 平均值	标准差	全铜 (mg/kg) 平均值	标准差	全锌 (mg/kg) 平均值	标准差	全钼 (mg/kg) 平均值	标准差	全硼 (mg/kg) 平均值	标准差	全硅 (mg/kg) 平均值	标准差	干重热值 (MJ/kg) 平均值	标准差	灰分 (%) 平均值	标准差	重复数
2013	塔棉2号	根	28.700	1.560	6.267	0.883	17.933	1.826	2.287	0.047	27.807	0.504	9.90	0.26	17.18	0.70	10.16	0.23	3
2013	塔棉2号	茎	84.277	4.775	6.587	0.725	24.453	0.963	2.073	0.035	70.903	1.406	4.61	0.36	16.80	0.59	12.54	1.40	3
2013	塔棉2号	籽粒	15.213	2.044	6.283	0.774	28.933	0.618	1.157	0.182	16.810	0.719	0.51	0.02	18.23	0.66	3.70	0.24	3
2015	塔棉2号	根	60.600	9.332	14.090	2.262	18.237	1.960	4.363	2.180	40.427	12.403	19.19	2.84	17.91	0.82	11.63	1.50	3
2015	塔棉2号	茎	24.987	5.402	6.013	0.768	14.090	3.281	0.630	0.312	44.210	13.469	3.35	0.62	17.53	0.37	4.47	0.15	3
2015	塔棉2号	籽粒	15.653	2.249	7.340	1.244	26.133	5.142	1.400	0.570	20.757	14.943	1.48	0.88	19.05	0.85	4.07	0.32	3

表 3-27　辅助观测场长期观测采样地（化肥＋秸秆还田）棉花元素含量与能值（一）

年份	作物品种	采样部位	全碳 (g/kg) 平均值	标准差	全氮 (g/kg) 平均值	标准差	全磷 (g/kg) 平均值	标准差	全钾 (g/kg) 平均值	标准差	全硫 (g/kg) 平均值	标准差	全钙 (g/kg) 平均值	标准差	全镁 (g/kg) 平均值	标准差	全铁 (g/kg) 平均值	标准差	重复数
2013	塔棉2号	根	450.65	19.06	8.06	1.72	2.75	0.54	9.73	0.44	2.90	0.29	7.31	1.19	0.32	0.03	1.32	0.17	3
2013	塔棉2号	茎	447.64	6.03	16.40	2.05	3.45	0.65	9.86	0.32	2.56	0.26	29.42	1.83	0.62	0.20	2.13	0.49	3
2013	塔棉2号	籽粒	591.90	8.60	31.58	0.27	3.48	0.45	8.97	1.15	3.85	0.04	2.45	0.24	0.33	0.03	0.06	0.00	3
2015	塔棉2号	根	403.42	15.40	7.58	3.71	2.74	0.39	9.79	0.60	2.94	0.52	15.20	4.14	5.61	1.14	1.65	1.55	3
2015	塔棉2号	茎	392.34	44.17	15.03	4.57	3.47	0.37	8.66	1.19	2.52	0.39	21.37	12.12	7.14	2.90	2.72	3.75	3
2015	塔棉2号	籽粒	434.09	27.28	22.96	5.85	3.50	0.69	8.52	1.25	3.36	0.65	0.64	0.05	3.72	0.84	0.15	0.01	3

表 3-28　辅助观测场长期观测采样地（化肥＋秸秆还田）棉花元素含量与能值（二）

年份	作物品种	采样部位	全锰 (mg/kg) 平均值	标准差	全铜 (mg/kg) 平均值	标准差	全锌 (mg/kg) 平均值	标准差	全钼 (mg/kg) 平均值	标准差	全硼 (mg/kg) 平均值	标准差	全硅 (mg/kg) 平均值	标准差	干重热值 (MJ/kg) 平均值	标准差	灰分 (%) 平均值	标准差	重复数
2013	塔棉2号	根	34.550	1.715	6.490	0.236	18.397	2.137	1.943	0.081	25.923	1.147	9.80	0.26	17.42	0.96	11.02	2.03	3
2013	塔棉2号	茎	86.337	5.553	7.450	0.165	24.563	0.960	1.913	0.093	72.133	2.132	4.58	0.39	17.40	1.12	10.57	1.25	3
2013	塔棉2号	籽粒	13.397	0.481	5.500	0.122	27.080	0.149	0.987	0.120	14.780	0.462	0.48	0.05	18.15	1.42	3.64	0.16	3
2015	塔棉2号	根	40.943	27.517	12.947	5.053	20.777	1.881	4.380	3.184	73.513	6.971	10.39	10.23	18.19	0.69	9.90	4.26	3
2015	塔棉2号	茎	66.603	59.854	13.923	13.292	25.687	10.055	2.060	2.113	87.927	16.868	15.59	20.92	17.24	1.36	6.83	1.63	3
2015	塔棉2号	籽粒	11.653	1.178	5.753	0.372	21.503	2.943	1.090	0.324	32.697	8.750	0.60	0.07	19.50	1.65	3.37	0.40	3

表 3-29　站区调查点 1 号采样地棉花元素含量与能值（一）

年份	作物品种	采样部位	全碳 (g/kg) 平均值	标准差	全氮 (g/kg) 平均值	标准差	全磷 (g/kg) 平均值	标准差	全钾 (g/kg) 平均值	标准差	全硫 (g/kg) 平均值	标准差	全钙 (g/kg) 平均值	标准差	全镁 (g/kg) 平均值	标准差	全铁 (g/kg) 平均值	标准差	重复数
2013	塔棉2号	根	459.89	7.49	10.06	3.89	2.55	0.40	9.65	0.21	3.51	0.35	6.41	1.42	0.28	0.06	1.09	0.05	3
2013	塔棉2号	茎	443.64	6.40	15.76	1.45	3.47	0.73	9.34	1.43	3.08	0.44	27.03	6.42	0.45	0.11	2.04	0.40	3
2013	塔棉2号	籽粒	605.58	4.44	31.30	2.59	3.48	0.38			4.26	0.09	2.13	0.29	0.35	0.03	0.05	0.01	3
2015	塔棉2号	根	409.26	16.36	9.06	3.33	2.52	0.36	9.77	0.59	3.85	0.51	12.60	3.34	5.41	1.65	2.22	1.34	3

（续）

年份	作物品种	采样部位	全碳 (g/kg)		全氮 (g/kg)		全磷 (g/kg)		全钾 (g/kg)		全硫 (g/kg)		全钙 (g/kg)		全镁 (g/kg)		全铁 (g/kg)		重复数
			平均值	标准差	平均值	标准差	平均值	标准差	平均值	标准差	平均值	标准差	平均值	标准差	平均值	标准差	平均值	标准差	
2015	塔棉2号	茎	400.02	13.43	12.89	3.56	3.44	1.30	10.17	0.67	3.77	1.21	14.83	4.43	3.77	1.47	1.18	1.27	3
2015	塔棉2号	籽粒	409.02	20.68	13.40	1.57	2.81	0.62	9.67	0.25	3.61	0.09	1.54	0.58	4.50	1.11	0.15	0.03	3

表 3－30　站区调查点 1 号采样地棉花元素含量与能值（二）

年份	作物品种	采样部位	全锰 (mg/kg)		全铜 (mg/kg)		全锌 (mg/kg)		全钼 (mg/kg)		全硼 (mg/kg)		全硅 (mg/kg)		干重热值 (MJ/kg)		灰分 (%)		重复数
			平均值	标准差	平均值	标准差	平均值	标准差	平均值	标准差	平均值	标准差	平均值	标准差	平均值	标准差	平均值	标准差	
2013	塔棉2号	根	29.797	4.208	7.173	0.707	16.830	1.002	2.283	0.087	23.743	1.201	9.94	0.02	17.17	0.45	8.93	0.05	3
2013	塔棉2号	茎	79.380	4.074	7.020	0.293	25.420	1.136	1.960	0.252	68.603	2.835	5.03	0.02	18.24	0.83	9.75	0.51	3
2013	塔棉2号	籽粒	12.197	0.611	6.527	0.326	27.643	1.444	0.960	0.151	13.533	0.617	0.45	0.02	19.32	0.46	3.61	0.05	3
2015	塔棉2号	根	50.993	26.505	15.070	4.680	22.497	1.229	3.987	1.001	50.357	14.162	14.45	9.75	17.98	0.91	9.20	1.40	3
2015	塔棉2号	茎	35.957	21.726	8.440	4.596	22.017	6.338	0.903	0.778	63.210	12.721	7.13	7.17	19.09	0.70	5.93	1.24	3
2015	塔棉2号	籽粒	12.650	2.941	6.783	2.034	26.170	8.901	0.827	0.049	30.457	5.971	0.66	0.22	19.64	0.84	4.10	0.61	3

3.2　土壤观测数据

3.2.1　土壤交换量数据集

3.2.1.1　概述

　　本数据集包括阿克苏站 2010 年和 2015 年 3 个长期监测样地和 2 个站区调查点表层土壤阳离子交换量（CEC）的监测数据（年、月、观测层次、交换性钾离子、交换性钠离子和阳离子交换量）。各观测点信息如下：综合观测场长期观测采样地（AKAZH01ABC_01）、综合观测场辅助长期观测采样地（不施肥）（AKAFZ01AB0_01）、综合观测场辅助长期观测采样地（化肥＋秸秆还田）（AKAFZ02AB0_01）、站区调查点 1（AKAZQ01AB0_01）、站区调查点 2（AKAZQ02AB0_01）。观测频率为每 5 年 1 次，观测深度为 0～10 cm、10～20 cm。

3.2.1.2　数据采集和处理方法

　　（1）观测样地。按照中国生态系统研究网络土壤长期观测规范，表层土壤阳离子交换量的监测频率为每 5 年 1 次，监测目标为 3 个长期监测样地包括：综合观测场（AKAZH01）、辅助观测场（不施肥）（AKAFZ01）、辅助观测场（化肥＋秸秆还田）（AKAFZ02），2015 年新增了两个站区调查点（AKAZQ01、AKAZQ02）的监测数据。

　　（2）采样方法。秋季作物收获后划定采样分区范围（见观测样地介绍），在采样分区内采用网格均匀布点方式用土钻多点分别采集各层次（0～10 cm，10～20 cm）土壤样品。取 9 个单点同层样混合成一个样品（约 2.5 kg）装入聚乙烯塑料袋中。取回的土样置于干净的牛皮纸张上风干，挑除根系、地膜和石子，四分法取适量碾磨后，过 2 mm 筛，装入聚乙烯自封塑料袋中分析备用，剩余部分装入广口瓶留作样品标本保存。

　　（3）分析方法。交换性钾离子、交换性钠离子和阳离子交换量采用乙酸铵交换-原子吸收法分析测定。

3.2.1.3　数据质量控制和评估

　　（1）土壤样品在分析测定时插入国家标准样品进行质控。

（2）土壤样品在分析时进行 3 次平行样品测定。

（3）利用校验软件检查每个监测数据是否超出相同土壤类型和采样深度的历史数据阈值范围、每个观测场监测项目均值是否超出该样地相同深度历史数据均值的 2 倍标准差、每个观测场监测项目标准差是否超出该样地相同深度历史数据的 2 倍标准差或者样地空间变异调查的 2 倍标准差等。对于超出范围的数据进行核实或再次测定。

3.2.1.4　数据价值、数据使用方法和建议

土壤交换量通常指的是阳离子交换量即 CEC，是指土壤胶体所能吸附各种阳离子的总量，其数值以每千克土壤中含有各种阳离子的物质的量来表示，即 mol/kg。土壤阳离子交换量是影响土壤缓冲能力高低，也是评价土壤保肥能力、改良土壤和合理施肥的重要依据。

本数据集较好反映了该流域冲积土壤 CEC 的真实水平，具有较高的参考价值。

3.2.1.5　数据

各采样地土壤交换量数据见表 3-31 至表 3-34。

表 3-31　综合观测场长期观测采样地土壤交换量

年份	月份	观测层次（cm）	交换性钾离子［mmol/kg（K⁺）］			交换性钠离子［mmol/kg（Na⁺）］			阳离子交换量［mmol·kg（＋）］		
			平均值	重复数	标准差	平均值	重复数	标准差	平均值	重复数	标准差
2010	11	0～10	4.18	6	0.73				78.1	6	5.1
2010	11	10～20	3.68	6	0.36				82.6	6	4.2
2015	11	0～10							6.0	6	0.7
2015	11	10～20							6.1	6	0.7

表 3-32　辅助观测场长期观测采样地（不施肥）土壤交换量

年份	月份	观测层次（cm）	交换性钾离子［mmol/kg（K⁺）］			交换性钠离子［mmol/kg（Na⁺）］			阳离子交换量［mmol·kg（＋）］		
			平均值	重复数	标准差	平均值	重复数	标准差	平均值	重复数	标准差
2010	11	0～10	3.22	6	0.91				48.6	6	4.1
2010	11	10～20	3.50	6	0.77				48.3	6	4.6
2015	11	0～10							3.9	6	0.4
2015	11	10～20							3.3	6	1.2

表 3-33　辅助观测场长期观测采样地（化肥＋秸秆还田）土壤交换量

年份	月份	观测层次（cm）	交换性钾离子［mmol/kg（K⁺）］			交换性钠离子［mmol/kg（Na⁺）］			阳离子交换量［mmol·kg（＋）］		
			平均值	重复数	标准差	平均值	重复数	标准差	平均值	重复数	标准差
2010	11	0～10	4.22	6	1.10				79.4	6	8.7
2010	11	10～20	3.99	6	1.10				77.5	6	9.3
2015	11	0～10							6.0	6	0.3
2015	11	10～20							6.3	6	0.3

表 3-34　站区调查点土壤交换量

年份	月份	样地代码	观测层次（cm）	交换性钾离子［mmol/kg（K⁺）］			交换性钠离子［mmol/kg（Na⁺）］			阳离子交换量［mmol·kg（＋）］		
				平均值	重复数	标准差	平均值	重复数	标准差	平均值	重复数	标准差
2015	11	AKAZQ01ABC＿01	0～10							5.5	6	0.9
2015	11	AKAZQ01ABC＿01	10～20							5.4	6	0.9
2015	11	AKAZQ02ABC＿01	0～10							6.4	6	1.0

（续）

年份	月份	样地代码	观测层次（cm）	交换性钾离子 [mmol/kg（K$^+$）]			交换性钠离子 [mmol/kg（Na$^+$）]			阳离子交换量 [mmol·kg（+）]		
				平均值	重复数	标准差	平均值	重复数	标准差	平均值	重复数	标准差
2015	11	AKAZQ02ABC_01	10～20							6.4	6	0.8

3.2.2　土壤养分数据集

3.2.2.1　概述

本数据集包括阿克苏站 2008—2015 年 3 个长期监测样地和 2 个站区调查点 1 次/年的土壤养分监测数据（年、月、观测层次、有机质、全氮、全磷、全钾、速效氮、有效磷、速效钾、缓效钾和 pH）。各观测点信息如下：综合观测场长期观测采样地（AKAZH01ABC_01）、综合观测场辅助长期观测采样地（不施肥）（AKAFZ01AB0_01）、综合观测场辅助长期观测采样地（化肥＋秸秆还田）（AKAFZ02AB0_01）、站区调查点 1（AKAZQ01AB0_01）、站区调查点 2（AKAZQ02AB0_01）。

3.2.2.2　数据采集和处理方法

（1）观测样地。按照中国生态系统研究网络土壤长期观测规范，表层土壤养分（有机质、全氮、缓效钾、碱解氮、速效磷、速效钾、pH）的监测频率为 1 次/年；剖面土壤养分（有机质、全氮、全磷、全钾）的监测频率为每 5 年 1 次，监测目标为 3 个长期监测样地和 2 个站区调查点，包括：综合观测场（AKAZH01）、辅助观测场（不施肥）（AKAFZ01）、辅助观测场（化肥＋秸秆还田）（AKAFZ02）、站区调查点 1（AKAZQ01AB0_01）、站区调查点 2（AKAZQ02AB0_01）。

（2）采样方法。每年秋季作物收获后划定采样分区范围（见观测样地介绍），在采样分区内采用网格均匀布点方式用土钻多点分别采集各层次（0～10 cm、10～20 cm、20～40 cm、40～60 cm、60～100 cm）土壤样品。取 9 个单点同层样混合成一个样品（约 2.5 kg）装入聚乙烯塑料袋中。取回的土样置于干净的牛皮纸张上风干，挑除根系、地膜和石子，四分法取适量碾磨后，过 2 mm 筛，装入聚乙烯塑料自封袋中分析备用，剩余部分装入广口瓶留作样品标本保存。

（3）分析方法。有机质采用重铬酸钾氧化法（GB 7857—1987）、全氮采用半微量开氏法（GB 7173—1987）、全磷采用硫酸-高氯酸消煮-钼锑抗比色法（GB 7852—1987）、全钾采用氢氟酸-高氯酸消煮-火焰光度法（GB 7854—1987）、碱解氮采用碱扩散法（GB/T 7849—1987）、有效磷采用碳酸氢钠浸提-钼锑抗比色法（GB 12297—1990）、速效钾采用乙酸铵浸提-火焰光度法/原子吸收法（GB 7856—1987）、缓效钾采用硝酸浸提-火焰光度法（GB 7855—1987）、pH 采用电位法（GB 7859—1987）。

3.2.2.3　数据质量控制和评估

（1）土壤样品在分析测定时插入国家标准样品进行质控。

（2）土壤样品测试分析时进行 3 次平行样品测定。

（3）利用校验软件检查每个监测数据是否超出相同土壤类型和采样深度的历史数据阈值范围、每个观测场监测项目均值是否超出该样地相同深度历史数据均值的 2 倍标准差、每个观测场监测项目标准差是否超出该样地相同深度历史数据的 2 倍标准差或者样地空间变异调查的 2 倍标准差等。对于超出范围的数据进行核实或再次测定。

3.2.2.4　数据价值、数据使用方法和建议

本数据集通过连续监测该灌区农田土壤的养分含量，较好反映了该流域冲积土壤基本养分水平和人为耕作施肥对养分变化的影响，对指导当地配方施肥有较高参考价值，同时也可为该区域土壤环境质量评估、土壤学研究等工作提供数据基础。

3.2.2.5　数据

各采样地土壤养分数据见表 3 - 35 至表 3 - 44。

表 3 - 35　综合观测场长期观测采样地土壤养分（一）

年份	月份	观测层次(cm)	土壤有机质(g/kg) 平均值	重复数	标准差	全氮(g/kg) 平均值	重复数	标准差	全磷(g/kg) 平均值	重复数	标准差	全钾(g/kg) 平均值	重复数	标准差	速效氮(碱解氮)(mg/kg) 平均值	重复数	标准差
2008	11	0~10	9.2	6	0.5	0.67	6	0.08							34.7	6	11.8
2008	11	10~20	9.3	6	0.9	0.67	6	0.06							27.2	6	3.9
2009	10	0~10	10.2	6	0.6	0.78	6	0.06	0.840	6	0.057	17.5		3.2	39.3	6	9.1
2009	10	10~20	10.4	6	0.9	0.80	6	0.09	0.900	6	0.070	16.0	6	3.0	37.1	6	5.3
2010	11	0~10	10.3	6	0.2	0.66	6	0.02	0.830	6	0.032	16.0	6	0.4	38.7	6	10.1
2010	11	10~20	11.1	6	0.6	0.84	6	0.06	0.922	6	0.087	15.9	6	0.4	36.5	6	12.0
2010	11	20~40	6.7	6	0.7	0.41	6	0.07	0.681	6	0.061	16.9	6	0.8			
2010	11	40~60	4.8	6	0.7	0.32	6	0.07	0.539	6	0.029	18.1	6	1.9			
2010	11	60~100	3.5	6	0.5	0.21	6	0.05	0.571	6	0.019	16.0	6	0.7			
2011	11	0~10													31.8	6	8.5
2011	11	10~20													31.1	6	4.5
2012	11	0~10	10.5	6	0.6	0.56	6	0.04	0.941	6	0.053	11.6	6	0.4	37.7	6	42.5
2012	11	10~20	10.9	6	0.9	0.61	6	0.07	0.906	6	0.047	11.4	6	0.5	28.2	6	24.6
2013	11	0~10	10.4	6	0.4	0.60	6	0.09	0.894	6	0.022	12.2	6	0.2	37.4	6	8.0
2013	11	10~20	11.0	6	0.8	0.62	6	0.06	0.987	6	4.568	11.9	6	0.4	31.0	6	4.9
2014	11	0~10	10.4	6	0.6	0.60	6	0.05	0.922	6	0.028	15.0	6	0.3	39.0	6	12.2
2014	11	10~20	11.0	6	0.5	0.63	6	0.05	0.937	6	0.057	15.0	6	0.3	27.0	6	5.1
2015	11	0~10	9.8	6	1.0	0.54	6	0.12	0.921	6	0.063	19.1	6	1.4	45.4	6	3.4
2015	11	10~20	10.6	6	1.1	0.50	6	0.13	0.944	6	0.062	19.2	6	1.5	52.7	6	11.1
2015	11	20~40	8.1	6	0.6	0.38	6	0.06	0.795	6	0.032	19.2	6	1.4			
2015	11	40~60	4.2	6	0.6	0.24	6	0.04	0.571	6	0.027	20.0	6	2.0			
2015	11	60~100	3.9	6	1.0	0.26	6	0.13	0.611	6	0.011	18.1	6	1.7			

表 3 – 36　综合观测场长期观测采样地土壤养分 (二)

年份	月份	观测层次(cm)	有效磷(mg/kg)			速效钾(mg/kg)			缓效钾(mg/kg)			pH		
			平均值	重复数	标准差	平均值	重复数	标准差	平均值	重复数	标准差	平均值	重复数	标准差
2008	11	0~10	8.4	6	2.8	142.5	6	17.0	1 114	6	36	8.05	6	0.04
2008	11	10~20	7.0	6	2.0	133.8	6	12.7	1 092	6	11	8.02	6	0.04
2009	10	0~10	5.5	6	1.0	129.4	6	11.1	942	6	233	7.84	6	0.05
2009	10	10~20	9.3	6	1.7	133.5	6	8.7	1 154	6	204	7.82	6	0.03
2010	11	0~10	10.2	6	1.7	92.2	6	7.4	1 080	6	55	7.91	6	0.03
2010	11	10~20	14.8	6	4.2	95.7	6	9.9	1 101	6	32	7.89	6	0.04
2010	11	20~40												
2010	11	40~60												
2010	11	60~100												
2011	11	0~10	7.3	6	0.6	93.7	6	6.0						
2011	11	10~20	7.8	6	1.2	94.3	6	3.3						
2012	11	0~10	10.8	6	1.4	73.8	6	6.6	938	6	62	7.90	6	0.03
2012	11	10~20	7.4	6	1.1	81.5	6	5.9	954	6	71	7.82	6	0.04
2013	11	0~10	9.3	6	1.0	104.0	6	10.5	964	6	66	7.98	6	0.04
2013	11	10~20	16.2	6	6.0	102.7	6	7.5	975	6	74	8.02	6	0.03
2014	11	0~10	11.1	6	12.2	91.0	6	6.2	923	6	76	7.97	6	0.02
2014	11	10~20	11.1	6	1.8	88.8	6	4.1	929	6	69	7.96	6	0.03
2015	11	0~10	7.9	6	0.9	173.5	6	119.0	1 546	6	119	7.81	6	0.29
2015	11	10~20	9.9	6	2.9	101.8	6	20.9	1 529	6	97	7.81	6	0.28
2015	11	20~40												
2015	11	40~60												
2015	11	60~100												

表 3 - 37　辅助观测场长期观测采样地（不施肥）土壤养分（一）

年份	月份	观测层次(cm)	土壤有机质(g/kg)			全氮(g/kg)			全磷(g/kg)			全钾(g/kg)			速效氮(碱解氮 mg/kg)		
			平均值	重复数	标准差	平均值	重复数	标准差	平均值	重复数	标准差	平均值	重复数	标准差	平均值	重复数	标准差
2008	11	0~10	7.0	6	0.6	0.46	6	0.17							30.0	6	16.6
2008	11	10~20	6.7	6	0.5	0.39	6	0.07							32.7	6	19.8
2009	10	0~10	7.2	6	0.3	0.49	6	0.06	0.820	6	0.086	20.0	6	7.3	23.9	6	6.3
2009	10	10~20	7.1	6	0.3	0.51	6	0.08	0.750	6	0.239	20.7	6	5.1	27.0	6	6.2
2010	11	0~10	7.0	6	0.4	0.53	6	0.05	0.791	6	0.056	15.6	6	0.3	16.6	6	6.5
2010	11	10~20	7.0	6	0.3	0.52	6	0.05	0.785	6	0.036	15.5	6	0.1	14.1	6	3.9
2010	11	20~40	5.1	6	0.9	0.29	6	0.05	0.718	6	0.032	15.5	6	0.3			
2010	11	40~60	3.2	6	0.7	0.18	6	0.04	0.641	6	0.070	15.9	6	1.3			
2010	11	60~100	3.8	6	1.2	0.24	6	0.09	0.590	6	0.027	16.0	6	1.0			
2011	11	0~10	6.9	6	0.3	0.44	6	0.02								6	13.3
2011	11	10~20	6.8	6	0.3	0.38	6	0.04								6	5.3
2012	10	0~10	6.8	6	0.5	0.39	6	0.06	0.801	6	0.015	11.5	6	0.2	18.9	6	6.1
2012	10	10~20	7.1	6	0.3	0.39	6	0.05	0.798	6	0.009	11.6	6	0.1	8.7	6	2.1
2013	11	0~10	6.7	6	0.6	0.44	6	0.05	0.800	6	0.027	11.9	6	0.3	33.9	6	17.1
2013	11	10~20	6.6	6	0.5	0.40	6	0.06	0.817	6	0.021	12.0	6	0.3	19.5	6	7.2
2014	11	0~10	8.4	6	1.1	0.50	6	0.24	0.818	6	0.070	14.0	6	0.8	20.1	6	9.5
2014	11	10~20	6.7	6	0.5	0.44	6	0.18	0.801	6	0.026	14.0	6	0.7	13.2	6	3.6
2015	11	0~10	4.6	6	0.7	0.29	6	0.13	0.826	6	0.022	18.1	6	1.2	43.8	6	9.1
2015	11	10~20	3.2	6	0.6	0.25	6	0.14	0.802	6	0.036	18.1	6	0.6	32.7	6	3.8
2015	11	20~40	2.8	6	1.2	0.24	6	0.11	0.730	6	0.026	18.0	6	0.4			
2015	11	40~60							0.652	6	0.036	19.2	6	1.0			
2015	11	60~100							0.628	6	0.025	19.7	6	2.0			

表 3 - 38　辅助观测场长期观测采样地（不施肥）土壤养分（二）

年份	月份	观测层次(cm)	有效磷(mg/kg)			速效钾(mg/kg)			缓效钾(mg/kg)			pH		
			平均值	重复数	标准差	平均值	重复数	标准差	平均值	重复数	标准差	平均值	重复数	标准差
2008	11	0~10	22.6	6	14.5	141.3	6	43.2	838	6	56	8.20	6	0.13
2008	11	10~20	11.8	6	4.0	132.0	6	38.5	841	6	60	8.01	6	0.11
2009	10	0~10	7.5	6	3.1	117.5	6	26.7	869	6	212	8.01	6	0.08
2009	10	10~20	8.9	6	3.2	108.7	6	16.5	1 020	6	81	7.97	6	0.06
2010	11	0~10	10.2	6	3.2	89.7	6	27.3	745	6	65	8.20	6	0.09
2010	11	10~20	8.7	6	2.3	96.3	6	21.2	738	6	66	8.21	6	0.09
2010	11	20~40												
2010	11	40~60												
2010	11	60~100												
2011	11	0~10	6.7	6	2.1	127.7	6	22.5						
2011	11	10~20	6.7	6	2.6	108.3	6	19.5						
2012	10	0~10	8.6	6	2.3	122.7	6	16.0	725	6	52	8.48	6	0.12
2012	10	10~20	5.9	6	1.6	86.3	6	15.0	726	6	53	8.24	6	0.05
2013	11	0~10	6.7	6	2.1	133.0	6	43.9	797	6	59	8.54	6	0.19
2013	11	10~20	6.1	6	2.0	94.8	6	19.5	772	6	76	8.40	6	0.13
2014	11	0~10	10.4	6	3.1	109.5	6	24.1	697	6	38	8.42	6	0.15
2014	11	10~20	7.6	6	2.2	91.0	6	16.1	684	6	37	8.35	6	0.09
2015	11	0~10	10.0	6	2.4	219.3	6	81.7	1 181	6	135	8.48	6	0.27
2015	11	10~20	3.8	6	1.8	80.5	6	17.2	1 084	6	98	8.23	6	0.11
2015	11	20~40												
2015	11	40~60												
2015	11	60~100												

表 3-39　辅助观测场长期观测采样地（化肥＋秸秆还田）土壤养分（一）

年份	月份	观测层次(cm)	土壤有机质(g/kg) 平均值	重复数	标准差	全氮(g/kg) 平均值	重复数	标准差	全磷(g/kg) 平均值	重复数	标准差	全钾(g/kg) 平均值	重复数	标准差	速效氮（碱解氮）mg/kg 平均值	重复数	标准差
2008	11	0~10	10.5	6	0.9	0.73	6	0.08							41.0	6	11.8
2008	11	10~20	10.1	6	0.6	0.64	6	0.12							27.5	6	8.1
2009	10	0~10	10.9	6	0.6	0.83	6	0.13	0.880	6	0.080	14.7	6	2.5	35.6	6	6.7
2009	10	10~20	10.7	6	1.2	0.87	6	0.12	0.910	6	0.082	16.1	6	2.2	42.2	6	9.6
2010	11	0~10	10.0	6	0.9	0.77	6	0.06	0.826	6	0.045	15.8	6	0.4	50.1	6	24.5
2010	11	10~20	10.2	6	1.1	0.71	6	0.14	0.859	6	0.081	15.7	6	0.4	24.6	6	9.0
2010	11	20~40	6.2	6	0.8	0.38	6	0.08	0.650	6	0.053	15.3	6	0.9			
2010	11	40~60	4.3	6	0.2	0.30	6	0.03	0.516	6	0.010	17.9	6	1.1			
2010	11	60~100	3.7	6	0.2	0.20	6	0.03	0.570	6	0.025	15.8	6	0.7			
2011	11	0~10							0.918	6	0.053	10.9	6	0.3	50.2	6	24.9
2011	11	10~20							0.948	6	0.066	11.0	6	0.3	34.3	6	8.8
2012	11	0~10	10.9	6	0.7	0.64	6	0.05	0.941	6	0.025	11.8	6	0.4	33.2	6	11.1
2012	11	10~20	11.3	6	0.6	0.64	6	0.05	0.982	6	0.061	11.8	6	0.3	29.6	6	15.4
2013	11	0~10	10.4	6	0.5	0.55	6	0.06	0.977	6	0.052	13.0	6	0.3	67.9	6	19.6
2013	11	10~20	10.9	6	0.9	0.60	6	0.08	1.009	6	0.063	12.8	6	0.3	38.5	6	6.9
2014	11	0~10	10.3	6	0.8	0.69	6	0.09	1.123	6	0.208	17.4	6	1.4	51.5	6	26.6
2014	11	10~20	11.0	6	0.7	0.72	6	0.09	1.072	6	0.189	17.1	6	1.0	30.5	6	5.8
2015	11	0~10	10.6	6	0.7	0.52	6	0.14	0.866	6	0.128	17.2	6	1.0	47.0	6	5.8
2015	11	10~20	10.8	6	0.6	0.60	6	0.12	0.600	6	0.062	17.9	6	2.4	53.0	6	4.5
2015	11	20~40	7.7	6	1.2	0.39	6	0.11	0.620	6	0.080	18.7	6	2.3			
2015	11	40~60	4.2	6	1.0	0.26	6	0.04									
2015	11	60~100	4.1	6	0.8	0.27	6	0.04									

表 3 - 40　辅助观测场长期观测采样地（化肥＋秸秆还田）土壤养分（二）

年份	月份	观测层次(cm)	有效磷(mg/kg)			速效钾(mg/kg)			缓效钾(mg/kg)			pH		
			平均值	重复数	标准差	平均值	重复数	标准差	平均值	重复数	标准差	平均值	重复数	标准差
2008	11	0~10	15.9	6	3.4	142.5	6	25.7	1 142	6	46	8.07	6	0.15
2008	11	10~20	11.1	6	2.4	126.3	6	9.5	1 185	6	54	8.00	6	0.03
2009	10	0~10	8.9	6	3.0	116.8	6	15.6	1 263	6	241	7.87	6	0.06
2009	10	10~20	8.5	6	3.0	126.9	6	18.4	1 250	6	159	7.86	6	0.04
2010	11	0~10	11.3	6	2.4	105.7	6	33.0	1 078	6	32	7.99	6	0.10
2010	11	10~20	15.1	6	9.6	99.2	6	30.1	1 095	6	23	7.95	6	0.09
2010	11	20~40												
2010	11	40~60												
2010	11	60~100												
2011	11	0~10	9.6	6	0.9	111.3	6	23.6						
2011	11	10~20	11.1	6	1.7	97.3	6	12.6						
2012	11	0~10	14.4	6	1.0	87.3	6	13.0	994	6	12	7.98	6	0.07
2012	11	10~20	13.5	6	3.2	101.2	6	17.2	1 004	6	24	7.95	6	0.11
2013	11	0~10	14.7	6	1.4	104.5	6	19.4	1 046	6	55	8.04	6	0.13
2013	11	10~20	17.1	6	4.2	101.0	6	17.5	1 057	6	35	8.07	6	0.09
2014	11	0~10	18.6	6	2.5	106.8	6	20.7	917	6	50	8.00	6	0.07
2014	11	10~20	17.1	6	2.3	94.8	6	9.5	912	6	48	8.00	6	0.07
2015	11	0~10	10.5	6	2.0	206.5	6	91.7	1 682	6	57	7.91	6	0.05
2015	11	10~20	11.5	6	3.7	180.2	6	65.1	1 726	6	30	7.88	6	0.06
2015	11	20~40												
2015	11	40~60												
2015	11	60~100												

表3-41　站区调查点1号土壤养分（一）

年份	月份	观测层次(cm)	土壤有机质(g/kg)			全氮(g/kg)			全磷(g/kg)			全钾(g/kg)			速效氮（碱解氮）mg/kg		
			平均值	重复数	标准差	平均值	重复数	标准差	平均值	重复数	标准差	平均值	重复数	标准差	平均值	重复数	标准差
2008	11	0~10	9.9	1		0.61	1								30.0	1	
2008	11	10~20	9.4	1		0.63	1								54.0	1	
2009	10	0~10	9.0	1		0.70	1		0.760	1		20.5	1		43.5	1	
2009	10	10~20	9.5	1		0.72	1		0.750	1		22.1	1		11.9	1	
2010	11	0~10	9.8	6	1.6	0.59	6	0.12	0.789	6	0.064	15.7	6	0.4	51.6	6	24.8
2010	11	10~20	9.6	6	1.0	0.63	6	0.12	0.786	6	0.034	15.5	6	0.5	45.5	6	11.9
2010	11	20~40	7.1	6	1.0	0.51	6	0.08	0.745	6	0.035	15.2	6	0.4			
2010	11	40~60	5.0	6	0.9	0.34	6	0.08	0.596	6	0.021	15.6	6	0.7			
2010	11	60~100	4.1	6	0.6	0.25	6	0.05	0.600	6	0.016	15.9	6	0.6			
2011	11	0~10													76.3	6	27.9
2011	11	10~20													41.5	6	13.5
2012	10	0~10	10.0	6	0.7	0.64	6	0.12	0.907	6	0.048	11.1	6	0.5	44.1	6	18.1
2012	10	10~20	10.3	6	0.7	0.59	6	0.07	0.877	6	0.047	11.1	6	0.4	28.0	6	5.7
2013	10	0~10	10.2	6	0.8	0.55	6	0.07	0.893	6	0.020	11.8	6	0.1	58.0	6	16.9
2013	10	10~20	10.4	6	0.5	0.57	6	0.09	0.906	6	0.039	11.8	6	0.3	38.7	6	10.0
2014	11	0~10	9.7	6	0.6	0.63	6	0.08	0.880	6	0.051	12.4	6	1.3	83.4	6	18.7
2014	11	10~20	10.4	6	0.9	0.66	6	0.11	0.903	6	0.083	13.0	6	0.4	32.7	6	6.8
2015	11	0~10	10.3	6	1.2	0.51	6	0.10	1.012	6	0.210	18.1	6	1.6	46.2	6	7.3
2015	11	10~20	10.4	6	1.5	0.59	6	0.18	1.122	6	0.093	18.5	6	1.9	48.7	6	9.4
2015	11	20~40	8.2	6	1.7	0.42	6	0.13	0.905	6	0.134	18.4	6	1.1			
2015	11	40~60	6.1	6	1.8	0.42	6	0.11	0.684	6	0.079	17.7	6	2.1			
2015	11	60~100	6.0	6	2.3	0.42	6	0.21	0.680	6	0.084	18.9	6	2.9			

表 3 - 42　站区调查点 1 号土壤养分（二）

年份	月份	观测层次(cm)	有效磷(mg/kg)			速效钾(mg/kg)			缓效钾(mg/kg)			pH		
			平均值	重复数	标准差	平均值	重复数	标准差	平均值	重复数	标准差	平均值	重复数	标准差
2008	11	0~10	8.4	1		131.0	1		1 244	1		7.97	1	
2008	11	10~20	20.6	1		214.0	1		1 068	1		8.33	1	
2009	10	0~10	1.3	1		88.8	1		1 251	1		7.74	1	
2009	10	10~20	6.0	1		104.3	1		1 051	1		7.87	1	
2010	11	0~10	20.1	6	11.2	104.2	6	23.4	1 031	6	138	8.13	6	0.05
2010	11	10~20	29.6	6	12.9	112.8	6	23.4	1 038	6	142	8.20	6	0.10
2010	11	20~40												
2010	11	40~60												
2010	11	60~100												
2011	11	0~10	22.3	6	2.8	174.8	6	31.8						
2011	11	10~20	22.7	6	2.6	155.5	6	20.7						
2012	10	0~10	25.3	6	3.0	136.0	6	24.7	1 012	6	40	8.13	6	0.07
2012	10	10~20	25.5	6	4.6	129.7	6	18.9	1 015	6	41	8.12	6	0.08
2013	10	0~10	26.2	6	7.1	152.7	6	14.7	1 093	6	31	8.14	6	0.02
2013	10	10~20	29.6	6	13.4	138.2	6	15.6	1 104	6	40	8.15	6	0.03
2014	11	0~10	25.8	6	5.5	171.7	6	43.4	980	6	105	8.20	6	0.11
2014	11	10~20	27.0	6	8.3	144.3	6	20.3	982	6	82	8.20	6	0.08
2015	11	0~10	30.3	6	4.9	108.0	6	53.8	1 645	6	98	7.97	6	0.04
2015	11	10~20	29.7	6	3.5	132.2	6	87.6	1 524	6	89	7.96	6	0.05
2015	11	20~40												
2015	11	40~60												
2015	11	60~100												

表3-43　站区调查点2号土壤养分（一）

年份	月份	观测层次(cm)	土壤有机质(g/kg)			全氮(g/kg)			全磷(g/kg)			全钾(g/kg)			速效氮（碱解氮）mg/kg		
			平均值	重复数	标准差	平均值	重复数	标准差	平均值	重复数	标准差	平均值	重复数	标准差	平均值	重复数	标准差
2008	11	0~10	9.1	1		0.56	1								76.0	1	
2008	11	10~20	8.7	1		0.51	1								62.0	1	
2009	10	0~10	12.1	1		0.85	1		0.990	1		21.6	1		59.2	1	
2009	10	10~20	10.7	1		0.80	1		0.890	1		18.7	1		54.9	1	
2010	11	0~10	10.9	6	1.2	0.75	6	0.11	0.866	6	0.059	15.6	6	0.7	62.5	6	21.4
2010	11	10~20	11.4	6	1.4	0.58	6	0.08	0.912	6	0.101	15.9	6	0.5	50.5	6	17.5
2010	11	20~40	7.4	6	1.1	0.48	6	0.05	0.750	6	0.045	15.9	6	0.6			
2010	11	40~60	4.5	6	1.1	0.32	6	0.07	0.579	6	0.038	16.9	6	1.8			
2010	11	60~100	3.9	6	0.6	0.26	6	0.06	0.585	6	0.033	16.2	6	1.4			
2011	12	0~10													24.7	6	8.7
2011	12	10~20													19.8	6	5.8
2012	10	0~10	11.2	6	1.6	0.63	6	0.07	0.918	6	0.038	11.9	6	0.5	22.2	6	2.7
2012	10	10~20	11.4	6	1.3	0.62	6	0.07	0.902	6	0.065	11.9	6	0.6	21.1	6	4.1
2013	11	0~10	11.6	6	1.0	0.61	6	0.06	1.031	6	0.051	12.3	6	0.3	105.7	6	71.2
2013	11	10~20	11.7	6	0.7	0.60	6	0.05	0.947	6	0.034	12.0	6	0.3	56.8	6	26.3
2014	11	0~10	12.0	6	1.6	0.77	6	0.12	1.033	6	0.123	14.1	6	0.2	85.6	6	25.6
2014	11	10~20	11.1	6	1.4	0.67	6	0.10	0.927	6	0.063	13.9	6	0.5	37.9	6	13.2
2015	11	0~10	10.1	6	1.8	0.50	6	0.12	1.000	6	0.160	18.2	6	1.5	107.1	6	30.2
2015	11	10~20	10.8	6	1.3	0.53	6	0.10	0.990	6	0.056	17.8	6	1.7	78.1	6	21.5
2015	11	20~40	8.5	6	1.1	0.46	6	0.09	0.846	6	0.067	17.7	6	1.4			
2015	11	40~60	5.9	6	1.5	0.32	6	0.10	0.627	6	0.064	18.2	6	3.0			
2015	11	60~100	4.8	6	1.6	0.28	6	0.13	0.624	6	0.052	17.6	6	1.9			

表 3 - 44 站区调查点 2 号土壤养分 (二)

年份	月份	观测层次 (cm)	有效磷 (mg/kg)			速效钾 (mg/kg)			缓效钾 (mg/kg)			pH		
			平均值	重复数	标准差	平均值	重复数	标准差	平均值	重复数	标准差	平均值	重复数	标准差
2008	11	0~10	19.3	1		280.0	1		917	1		8.36	1	
2008	11	10~20	18.2	1		234.0	1		985	1		8.16	1	
2009	10	0~10	14.0	1		106.3	1		1 284	1		7.75	1	
2009	10	10~20	13.8	1		107.1	1		1 453	1		7.81	1	
2010	11	0~10	24.9	6	4.7	132.3	6	28.3	1 011	6	122	8.05	6	0.09
2010	11	10~20	27.5	6	5.5	137.0	6	28.1	1 012	6	118	8.04	6	0.07
2010	11	20~40												
2010	11	40~60												
2010	11	60~100												
2011	12	0~10	21.1	6	6.9	156.7	6	34.4						
2011	12	10~20	20.9	6	6.4	156.0	6	37.0						
2012	10	0~10	22.6	6	4.8	116.8	6	12.4	1 057	6	19	8.04	6	0.08
2012	10	10~20	22.8	6	9.1	114.5	6	9.4	1 077	6	54	8.02	6	0.07
2013	11	0~10	41.1	6	5.7	137.5	6	25.1	1 141	6	48	7.93	6	0.10
2013	11	10~20	21.6	6	6.6	114.3	6	22.2	1 136	6	32	8.00	6	0.06
2014	11	0~10	40.6	6	8.7	142.2	6	24.6	973	6	57	7.97	6	0.09
2014	11	10~20	24.2	6	3.5	127.0	6	22.0	980	6	52	8.02	6	0.10
2015	11	0~10	17.8	6	7.3	169.0	6	34.6	1 684	6	116	7.98	6	0.15
2015	11	10~20	13.6	6	1.7	219.7	6	151.0	1 711	6	24	8.05	6	0.11
2015	11	20~40												
2015	11	40~60												
2015	11	60~100												

3.2.3 土壤矿质全量数据集

3.2.3.1 概述

本数据集包括阿克苏站 2006 年和 2015 年 3 个长期监测样地和 2 个站区调查点 10 年尺度土壤矿质全量监测数据（年、月、观测层次、SiO、Fe_2O_3、MnO、TiO_2、Al_2O_3、SO_2、CaO、MgO、K_2O、Na_2O 和 P_2O_5）。各观测点信息如下：综合观测场长期观测采样地（AKAZH01ABC_01）、综合观测场辅助长期观测采样地（不施肥）（AKAFZ01AB0_01）、综合观测场辅助长期观测采样地（化肥＋秸秆还田）（AKAFZ02AB0_01）、站区调查点 1（AKAZQ01AB0_01）、站区调查点 2（AKAZQ02AB0_01）。

3.2.3.2 数据采集和处理方法

（1）观测样地。按照中国生态系统研究网络土壤长期观测规范，土壤矿质全量（Ca、Mg、K、Na、P、Fe、Al、Si、Mn、Ti、S）的监测频率为每 10 年 1 次，监测目标为 3 个长期监测样地：综合观测场（AKAZH01）、辅助观测场（不施肥）（AKAFZ01）、辅助观测场（化肥＋秸秆还田）（AKAFZ02）；2015 年新增了 2 个站区调查点：站区调查点 1（AKAZQ01AB0_01）、站区调查点 2（AKAZQ02AB0_01）。

（2）采样方法。当年秋季作物收获后划定采样分区范围（见观测样地介绍），在采样分区内采用网格均匀布点方式用土钻多点分别采集各层次（0～10 cm、10～20 cm、20～40 cm、40～60 cm、60～100 cm）土壤样品。取 9 个单点同层样品混合成一个样品（约 2.5 kg）装入聚乙烯塑料袋中，取回的土样置于干净的牛皮纸张上风干，挑除根系、地膜和石子，四分法取适量碾磨后，过 2 mm 筛，装入聚乙烯塑料自封袋中分析备用，剩余部分装入广口瓶留作样品标本保存。

（3）分析方法。钙、镁、铁、锰的测定采用原子吸收光谱法（GB 7873—1987）；钾、钠的测定采用氢氟酸-高氯酸消煮-火焰光度法（GB 7874—1987）；磷的测定采用钼锑抗比色法（GB 7873—1987）；硅的测定采用动物脱胶硅质量法（GB 7873—1987）；铝的测定采用氟化钾取代 EDTA 容量法（GB 7873—1987）；钛的测定采用过氧化氢分光光度法（GB 7873—1987）；硫的测定采用燃烧碘量法（GB 7875—1987）。

3.2.3.3 数据质量控制和评估

（1）土壤样品在测定时插入国家标准样品进行质量控制。

（2）土壤样品在测试分析时进行 3 次平行样品测定。

（3）利用校验软件检查每个监测数据是否超出相同土壤类型和采样深度的历史数据阈值范围、每个观测场监测项目均值是否超出该样地相同深度历史数据均值的 2 倍标准差、每个观测场监测项目标准差是否超出该样地相同深度历史数据的 2 倍标准差或者样地空间变异调查的 2 倍标准差等。对于超出范围的数据进行核实或再次测定。

3.2.3.4 数据价值、数据使用方法和建议

本数据集通过对该区域典型有代表性农田土壤矿质全量的分析，基本反映了该流域冲积土壤化学成分和矿物组成，为该区域土壤环境质量评估、土壤学研究等工作提供数据基础。

3.2.3.5 数据

各采样地土壤矿质全量数据见表 3-45 至表 3-52。

表 3 - 45　综合观测场长期观测采样地土壤矿质全量（一）

年份	月份	观测层次(cm)	SiO₂(%)			Fe₂O₃(%)			MnO(%)			TiO₂(%)			Al₂O₃(%)			SO₂(%)		
			平均值	重复数	标准差	平均值	重复数	标准差	平均值	重复数	标准差	平均值	重复数	标准差	平均值	重复数	标准差	平均值	重复数	标准差
2006	10	0~10	57.21	6	2.784	3.82	6	0.393	0.079	6	0.007	0.370	6	0.059	9.302	6	0.783	0.03	6	0.024
2006	10	10~20	55.90	6	3.919	4.42	6	1.497	0.079	6	0.010	0.398	6	0.065	9.905	6	1.327	0.02	6	0.001
2006	10	20~40	53.44	6	2.753	4.24	6	0.514	0.086	6	0.009	0.393	6	0.059	10.342	6	1.309	0.02	6	0.003
2006	10	40~60	50.27	6	2.030	5.01	6	0.280	0.099	6	0.012	0.399	6	0.071	12.224	6	1.079	0.40	6	0.004
2015	11	0~10	21.23	6	13.916	1.28	6	1.485	0.082	6	0.007				7.449	6	0.175			
2015	11	10~20	21.32	6	3.908	1.28	6	0.062	0.080	6	0.004				7.470	6	0.177			
2015	11	20~40	23.36	6	4.889	1.36	6	0.091	0.084	6	0.006				7.565	6	0.155			
2015	11	40~60	22.05	6	6.799	1.35	6	0.170	0.080	6	0.009				7.294	6	1.254			
2015	11	60~100	22.63	6	5.165	1.21	6	0.060	0.072	6	0.004				7.433	6	0.474			

表 3 - 46　综合观测场长期观测采样地土壤矿质全量（二）

年份	月份	观测层次(cm)	CaO(%)			MgO(%)			K₂O(%)			Na₂O(%)			P₂O₅(%)		
			平均值	重复数	标准差	平均值	重复数	标准差	平均值	重复数	标准差	平均值	重复数	标准差	平均值	重复数	标准差
2006	10	0~10	6.699	6	0.413	4.055	6	0.339	1.991	6	0.705	1.727	6	0.415	0.119	6	0.036
2006	10	10~20	6.973	6	0.955	3.941	6	0.641	2.099	6	0.400	1.654	6	0.122	0.111	6	0.035
2006	10	20~40	7.246	6	0.560	4.060	6	0.229	2.703	6	0.896	2.005	6	0.618	0.099	6	0.038
2006	10	40~60	7.360	6	0.718	3.964	6	0.439	2.861	6	0.212	2.039	6	0.657	0.128	6	0.052
2015	11	0~10	7.546	6	0.497	2.573	6	0.219	1.549	6	0.047	1.034	6	0.067	0.211	6	0.014
2015	11	10~20	7.758	6	0.330	2.793	6	0.100	1.560	6	0.048	0.991	6	0.045	0.216	6	0.014
2015	11	20~40	7.980	6	0.399	2.794	6	0.102	1.600	6	0.048	0.982	6	0.035	0.182	6	0.007
2015	11	40~60	7.948	6	1.394	2.443	6	0.317	1.561	6	0.301	0.914	6	0.111	0.131	6	0.006
2015	11	60~100	7.982	6	0.545	2.466	6	0.115	1.555	6	0.123	1.012	6	0.042	0.140	6	0.002

表 3 - 47 辅助观测场长期观测采样地（不施肥）土壤矿质全量（一）

年份	月份	观测层次(cm)	SiO₂(%) 平均值	重复数	标准差	Fe₂O₃(%) 平均值	重复数	标准差	MnO(%) 平均值	重复数	标准差	TiO₂(%) 平均值	重复数	标准差	Al₂O₃(%) 平均值	重复数	标准差	SO₂(%) 平均值	重复数	标准差
2006	10	0~10	56.00	3	2.641	3.38	3	0.225	0.072	3	0.005	0.513	3	0.032	9.494	3	1.112	0.01	3	0.002
2006	10	10~20	59.52	3	4.671	3.35	3	0.121	0.072	3	0.002	0.500	3	0.016	8.244	3	1.967	0.01	3	0.004
2006	10	20~40	57.24	3	2.042	3.58	3	0.073	0.075	3	0.003	0.489	3	0.022	9.610	3	0.215	0.01	3	0.003
2006	10	40~60	56.91	3	1.118	3.91	3	0.357	0.077	3	0.003	0.517	3	0.034	9.506	3	0.210	0.01	3	0.002
2006	10	60~100	56.46	3	1.907	3.74	3	0.119	0.085	3	0.021	0.536	3	0.031	10.983	3	1.072	0.01	3	0.002
2015	11	0~10	24.27	6	6.967	1.25	6	0.078	0.077	6	0.004				7.215	6	0.309			
2015	11	10~20	23.31	6	8.315	1.28	6	0.090	0.080	6	0.005				7.099	6	0.133			
2015	11	20~40	21.51	6	8.630	1.30	6	0.164	0.084	6	0.009				7.092	6	0.203			
2015	11	40~60	21.33	6	7.575	1.45	6	0.284	0.094	6	0.016				7.290	6	0.258			
2015	11	60~100	21.84	6	7.805	1.36	6	0.204	0.086	6	0.011				7.517	6	0.365			

表 3 - 48 辅助观测场长期观测采样地（不施肥）土壤矿质全量（二）

年份	月份	观测层次(cm)	CaO(%) 平均值	重复数	标准差	MgO(%) 平均值	重复数	标准差	K₂O(%) 平均值	重复数	标准差	Na₂O(%) 平均值	重复数	标准差	P₂O₅(%) 平均值	重复数	标准差
2006	10	0~10	7.130	3	0.363	3.693	3	0.342	1.387	3	0.113	2.161	3	0.019	0.125	3	0.050
2006	10	10~20	6.812	3	0.835	3.154	3	0.502	2.087	3	0.747	1.883	3	0.467	0.137	3	0.037
2006	10	20~40	7.269	3	0.477	3.515	3	0.206	1.869	3	0.668	1.713	3	0.273	0.142	3	0.040
2006	10	40~60	7.025	3	0.250	3.333	3	0.429	1.959	3	1.009	1.690	3	0.457	0.164	3	0.006
2006	10	60~100	6.982	3	0.320	3.711	3	0.394	2.455	3	0.908	1.934	3	0.739	0.166	3	0.005
2015	11	0~10	7.468	6	1.512	2.272	6	0.126	1.533	6	0.038	1.163	6	0.057	0.189	6	0.005
2015	11	10~20	8.177	6	0.806	2.240	6	0.095	1.498	6	0.022	1.097	6	0.062	0.184	6	0.008
2015	11	20~40	8.488	6	0.443	2.140	6	0.168	1.489	6	0.038	1.135	6	0.025	0.167	6	0.006
2015	11	40~60	8.433	6	0.315	2.090	6	0.142	1.530	6	0.071	1.110	6	0.072	0.150	6	0.008
2015	11	60~100	7.667	6	0.666	2.147	6	0.244	1.587	6	0.052	1.133	6	0.105	0.144	6	0.006

表 3 - 49　辅助观测场长期观测采样地（化肥＋秸秆还田）土壤矿质全量（一）

年份	月份	观测层次(cm)	SiO₂(%) 平均值	重复数	标准差	Fe₂O₃(%) 平均值	重复数	标准差	MnO(%) 平均值	重复数	标准差	TiO₂(%) 平均值	重复数	标准差	Al₂O₃(%) 平均值	重复数	标准差	SO₂(%) 平均值	重复数	标准差
2006	10	0~10	53.66	3	2.652	3.98	3	0.374	0.082	3	0.005	0.504	3	0.019	10.581	3	0.820	0.02	3	0.007
2006	10	10~20	57.08	3	3.682	3.54	3	0.583	0.084	3	0.017	0.513	3	0.048	10.004	3	1.501	0.02	3	0.009
2006	10	20~40	57.64	3	1.927	3.64	3	0.186	0.076	3	0.006	0.453	3	0.007	9.631	3	1.533	0.02	3	0.009
2006	10	40~60	52.26	3	4.291	4.46	3	0.393	0.088	3	0.008	0.529	3	0.006	11.403	3	1.956	0.02	3	0.011
2006	10	60~100	58.32	3	2.521	4.03	3	0.505	0.077	3	0.008	0.519	3	0.008	10.210	3	1.218	0.02	3	0.010
2015	11	0~10	22.33	6	5.064	1.38	6	0.090	0.084	6	0.007				7.422	6	0.180			
2015	11	10~20	23.03	6	4.633	1.37	6	0.104	0.086	6	0.008				7.369	6	0.190			
2015	11	20~40	23.71	6	5.403	1.39	6	0.070	0.084	6	0.007				7.245	6	0.163			
2015	11	40~60	24.68	6	3.437	1.37	6	0.165	0.084	6	0.011				7.391	6	0.304			
2015	11	60~100	23.86	6	3.639	1.38	6	0.203	0.083	6	0.011				7.666	6	0.491			

表 3 - 50　辅助观测场长期观测采样地（化肥＋秸秆还田）土壤矿质全量（二）

年份	月份	观测层(cm)	CaO(%) 平均值	重复数	标准差	MgO(%) 平均值	重复数	标准差	K₂O(%) 平均值	重复数	标准差	Na₂O(%) 平均值	重复数	标准差	P₂O₅(%) 平均值	重复数	标准差
2006	10	0~10	7.374	3	1.187	5.007	3	0.422	2.886	3	0.307	2.334	3	0.344	0.118	3	0.046
2006	10	10~20	6.279	3	0.708	4.618	3	0.576	2.103	3	0.712	1.964	3	0.762	0.119	3	0.055
2006	10	20~40	6.933	3	0.341	3.873	3	0.470	1.464	3	0.065	1.504	3	0.024	0.113	3	0.011
2006	10	40~60	7.506	3	0.331	3.752	3	0.087	2.472	3	0.582	1.465	3	0.203	0.097	3	0.026
2006	10	60~100	6.182	3	0.173	3.635	3	0.308	2.105	3	0.486	1.446	3	0.089	0.098	3	0.046
2015	11	0~10	7.297	6	0.287	2.738	6	0.125	1.546	6	0.050	1.007	6	0.054	0.257	6	0.048
2015	11	10~20	6.927	6	0.318	2.965	6	0.103	1.524	6	0.021	1.017	6	0.038	0.246	6	0.043
2015	11	20~40	7.247	6	0.434	2.877	6	0.129	1.494	6	0.042	1.008	6	0.026	0.198	6	0.029
2015	11	40~60	7.970	6	0.704	2.646	6	0.137	1.560	6	0.103	0.939	6	0.072	0.137	6	0.014
2015	11	60~100	8.070	6	0.720	2.489	6	0.100	1.655	6	0.165	0.973	6	0.145	0.142	6	0.018

表 3 - 51 站区调查点土壤矿质全量（一）

年份	月份	样地代码	观测层 次(cm)	SiO₂(%) 平均值	SiO₂(%) 重复数	SiO₂(%) 标准差	Fe₂O₃(%) 平均值	Fe₂O₃(%) 重复数	Fe₂O₃(%) 标准差	MnO(%) 平均值	MnO(%) 重复数	MnO(%) 标准差	TiO₂(%) 平均值	TiO₂(%) 重复数	TiO₂(%) 标准差	Al₂O₃(%) 平均值	Al₂O₃(%) 重复数	Al₂O₃(%) 标准差	SO₂(%) 平均值	SO₂(%) 重复数	SO₂(%) 标准差
2015	11	AKAZQ01ABC_01	0~10	24.15	6	1.977	1.23	6	0.093	0.076	6	0.008				7.426	6	0.298			
2015	11	AKAZQ01ABC_01	10~20	23.96	6	1.222	1.18	6	0.110	0.073	6	0.008				7.276	6	0.166			
2015	11	AKAZQ01ABC_01	20~40	26.93	6	4.205	1.19	6	0.098	0.073	6	0.007				7.165	6	0.143			
2015	11	AKAZQ01ABC_01	40~60	31.64	6	13.484	1.27	6	0.113	0.075	6	0.005				7.250	6	0.271			
2015	11	AKAZQ01ABC_01	60~100	24.78	6	2.315	1.26	6	0.189	0.075	6	0.012				7.359	6	0.451			
2015	11	AKAZQ02ABC_01	0~10	25.18	6	4.392	1.37	6	0.129	0.087	6	0.012				7.321	6	0.148			
2015	11	AKAZQ02ABC_01	10~20	27.28	6	6.733	1.40	6	0.154	0.086	6	0.013				7.383	6	0.168			
2015	11	AKAZQ02ABC_01	20~40	28.45	6	6.513	1.78	6	0.894	0.106	6	0.046				7.560	6	0.502			
2015	11	AKAZQ02ABC_01	40~60	27.84	6	5.183	1.61	6	0.656	0.104	6	0.050				7.546	6	0.650			
2015	11	AKAZQ02ABC_01	60~100	26.59	6	2.753	1.37	6	0.146	0.082	6	0.009				7.369	6	0.516			

表 3 - 52 站区调查点土壤矿质全量（二）

年份	月份	样地代码	观测层(cm)	CaO(%) 平均值	CaO(%) 标准差	MgO(%) 平均值	MgO(%) 重复数	MgO(%) 标准差	K₂O(%) 平均值	K₂O(%) 标准差	Na₂O(%) 平均值	Na₂O(%) 重复数	Na₂O(%) 标准差	P₂O₅(%) 平均值	P₂O₅(%) 重复数	P₂O₅(%) 标准差
2015	11	AKAZQ01ABC_01	0~10	7.352	0.443	2.737	6	0.128	1.532	0.082	1.021	6	0.058	0.232	6	0.048
2015	11	AKAZQ01ABC_01	10~20	7.186	0.544	2.798	6	0.148	1.485	0.045	1.036	6	0.055	0.257	6	0.021
2015	11	AKAZQ01ABC_01	20~40	7.351	0.509	2.739	6	0.185	1.467	0.040	1.028	6	0.035	0.207	6	0.031
2015	11	AKAZQ01ABC_01	40~60	7.715	0.593	2.613	6	0.144	1.500	0.088	0.967	6	0.063	0.157	6	0.018
2015	11	AKAZQ01ABC_01	60~100	7.728	0.753	2.522	6	0.141	1.544	0.134	0.976	6	0.072	0.156	6	0.019
2015	11	AKAZQ02ABC_01	0~10	7.417	0.366	2.615	6	0.100	1.532	0.053	1.006	6	0.044	0.229	6	0.037
2015	11	AKAZQ02ABC_01	10~20	7.437	0.459	2.666	6	0.142	1.544	0.046	1.024	6	0.053	0.227	6	0.013
2015	11	AKAZQ02ABC_01	20~40	7.696	0.307	2.674	6	0.129	1.593	0.163	0.982	6	0.065	0.194	6	0.015
2015	11	AKAZQ02ABC_01	40~60	7.193	1.114	2.499	6	0.394	1.568	0.144	1.005	6	0.073	0.144	6	0.015
2015	11	AKAZQ02ABC_01	60~100	7.488	0.967	2.409	6	0.333	1.536	0.121	1.053	6	0.063	0.143	6	0.012

3.2.4　土壤微量元素数据集

3.2.4.1　概述

本数据集包括阿克苏站 2010 年和 2015 年 3 个长期监测样地和 2 个站区调查点土壤微量元素监测数据（年、月、观测层次、全硼、全钼、全锰、全锌、全铜和全铁），观测频率为每 5 年 1 次。各观测点信息如下：综合观测场长期观测采样地（AKAZH01ABC＿01）、综合观测场辅助长期观测采样地（不施肥）（AKAFZ01AB0＿01）、综合观测场辅助长期观测采样地（化肥＋秸秆还田）（AKAFZ02AB0＿01）、站区调查点 1（AKAZQ01AB0＿01）、站区调查点 2（AKAZQ02AB0＿01）。

3.2.4.2　数据采集和处理方法

（1）观测样地。按照中国生态系统研究网络土壤长期观测规范，土壤微量元素（钼、锌、锰、铜、铁、硼）的监测频率为每 5 年 1 次，监测目标为 3 个长期监测样地：综合观测场（AKAZH01）、辅助观测场（不施肥）（AKAFZ01）、辅助观测场（化肥＋秸秆还田）（AKAFZ02）；2015 年新增了 2 个站区调查点：站区调查点 1（AKAZQ01AB0＿01）和站区调查点 2（AKAZQ02AB0＿01）。

（2）采样方法。在需要监测的年份秋季作物收获后，在采样点挖取长 1.5 m、宽 1 m、深 1.2 m 的土壤剖面，观察面向阳，挖出的土壤按不同层次分开放置，用木制土铲铲除观察面表层与铁锹接触的土壤，自下向上采集各层土样，每层约 1.5 kg，装入聚乙烯塑料袋中，最后将挖出土壤按层回填。取回的土样置于干净的白纸上风干，挑除根系、地膜和石子，四分法取适量碾磨后，过 2 mm 尼龙筛，再四分法取适量碾磨后，过 0.149 mm 尼龙筛，装入聚乙烯塑料自封袋中分析备用，剩余部分装入广口瓶留作样品标本保存。

（3）分析方法。钼采用硝酸-氢氟酸-过氧化氢消解 ICP、ICP－MS 等离子质谱法（GB 7878—1987）；锌采用硝酸-氢氟酸-过氧化氢消解 ICP、ICP－MS 等离子质谱法（GB 17138—1997）；锰采用硝酸-氢氟酸-过氧化氢消解 ICP、ICP－MS 等离子质谱法（GB 7877—1987）；铜采用硝酸-氢氟酸-过氧化氢消解 ICP、ICP－MS 等离子质谱法（GB 17138—1997）；铁采用硝酸-氢氟酸-过氧化氢消解 ICP、ICP－MS 等离子质谱法（GB 7881—1987）；硼采用硝酸-氢氟酸-过氧化氢消解 ICP、ICP－MS 等离子质谱法（GB 7877—1987）。

3.2.4.3　数据质量控制和评估

（1）土壤样品测试分析时插入国家标准样品进行质量控制。

（2）土壤样品测试分析时进行 3 次平行样品测定。

（3）利用校验软件检查每个监测数据是否超出相同土壤类型和采样深度的历史数据阈值范围、每个观测场监测项目均值是否超出该样地相同深度历史数据均值的 2 倍标准差、每个观测场监测项目标准差是否超出该样地相同深度历史数据的 2 倍标准差或者样地空间变异调查的 2 倍标准差等。对于超出范围的数据进行核实或再次测定。

3.2.4.4　数据价值、数据使用方法和建议

作物对微量元素的需要量虽然很少，但是它们同大量元素一样也直接参与植物体内的代谢过程，对作物产量和品质的影响不容忽视。本数据集通过对该区域典型有代表性农田土壤微量元素的分析，反映了该流域冲积土微量元素的基本组成，可为当地农业生产提供有用的数据参考，还可为该区域土壤环境质量评估、土壤学研究等工作提供数据基础。

3.2.4.5　数据

各采样地土壤微量元素数据见表 3 - 53 至表 3 - 56。

表3-53　综合观测场长期观测采样地土壤微量元素

年份	月份	观测层次(cm)	全硼(mg/kg)			全钼(mg/kg)			全锰(mg/kg)			全锌(mg/kg)			全铜(mg/kg)			全铁(mg/kg)		
			平均值	重复数	标准差	平均值	重复数	标准差	平均值	重复数	标准差	平均值	重复数	标准差	平均值	重复数	标准差	平均值	重复数	标准差
2010	11	0~10	40.71	6	6.74	0.44	6	0.33	893.80	6	223.15	201.06	6	61.21	22.71	6	0.88	25 698.46	6	4 098.98
2010	11	10~20	37.27	6	3.51	0.34	6	0.07	824.49	6	191.15	182.52	6	25.06	22.65	6	1.87	24 918.23	6	3 770.42
2010	11	20~40	36.21	6	8.01	0.47	6	0.06	889.84	6	219.35	165.14	6	53.57	24.95	6	1.31	25 365.12	6	1 613.70
2010	11	40~60	46.61	6	12.51	0.58	6	0.16	850.70	6	214.19	223.77	6	51.83	25.10	6	2.91	28 218.08	6	2 901.66
2010	11	60~100	39.71	6	6.85	0.31	6	0.04	804.73	6	179.02	200.66	6	48.35	21.79	6	1.39	25 549.17	6	4 633.93
2015	11	0~10	67.40	6	22.01	2.90	6	0.31	637.72	6	52.08	75.99	6	4.73	24.48	6	1.47	8 985.95	6	704.09
2015	11	10~20	60.56	6	11.89	2.88	6	0.37	619.08	6	34.88	74.25	6	4.63	23.89	6	1.44	8 961.78	6	436.33
2015	11	20~40	89.98	6	30.25	3.48	6	0.55	654.52	6	42.89	76.17	6	5.39	25.50	6	2.22	9 538.09	6	634.23
2015	11	40~60	75.65	6	22.49	3.26	6	1.46	617.21	6	68.92	74.40	6	9.53	25.49	6	4.52	9 474.16	6	1 187.62
2015	11	60~100	71.60	6	27.52	2.21	6	0.55	557.60	6	32.63	66.69	6	4.22	21.89	6	1.41	8 448.79	6	418.89

表3-54　辅助观测场长期观测采样地（不施肥）土壤微量元素

年份	月份	观测层次(cm)	全硼(mg/kg)			全钼(mg/kg)			全锰(mg/kg)			全锌(mg/kg)			全铜(mg/kg)			全铁(mg/kg)		
			平均值	重复数	标准差	平均值	重复数	标准差	平均值	重复数	标准差	平均值	重复数	标准差	平均值	重复数	标准差	平均值	重复数	标准差
2010	11	0~10	49.92	6	16.62	0.21	6	0.03	873.18	6	309.77	206.71	6	76.64	21.05	6	6.22	21 487.87	6	3 677.68
2010	11	10~20	36.16	6	5.86	0.22	6	0.04	956.03	6	172.76	167.55	6	59.90	22.66	6	1.28	25 169.63	6	4 997.67
2010	11	20~40	40.45	6	10.60	0.30	6	0.11	970.64	6	177.55	155.69	6	76.56	22.84	6	1.58	25 239.09	6	5 005.50
2010	11	40~60	44.72	6	5.84	0.43	6	0.14	1 065.31	6	232.38	201.24	6	48.20	24.82	6	2.76	28 420.69	6	3 841.87
2010	11	60~100	38.55	6	7.86	0.26	6	0.07	880.78	6	253.46	169.65	6	58.35	23.32	6	3.51	26 414.32	6	3 872.49
2015	11	0~10	65.28	6	31.13	1.36	6	0.41	594.65	6	31.09	65.46	6	5.07	20.02	6	1.09	8 762.48	6	548.09
2015	11	10~20	64.65	6	30.35	1.39	6	0.31	623.63	6	41.37	64.01	6	2.90	20.49	6	0.88	8 974.99	6	625.95
2015	11	20~40	63.54	6	32.64	1.78	6	0.61	650.39	6	68.06	62.71	6	5.90	20.94	6	2.48	9 068.49	6	1 144.72
2015	11	40~60	69.82	6	26.91	2.21	6	0.80	731.48	6	121.92	68.38	6	16.63	22.67	6	6.46	10 110.70	6	1 987.10
2015	11	60~100	65.78	6	24.78	2.11	6	1.41	670.49	6	82.75	67.38	6	13.14	21.76	6	5.50	9 532.66	6	1 426.82

表 3-55　辅助观测场长期观测采样地(化肥＋秸秆还田)土壤微量元素

年份	月份	观测层(cm)	全硼(mg/kg) 平均值	重复数	标准差	全钼(mg/kg) 平均值	重复数	标准差	全锰(mg/kg) 平均值	重复数	标准差	全锌(mg/kg) 平均值	重复数	标准差	全铜(mg/kg) 平均值	重复数	标准差	全铁(mg/kg) 平均值	重复数	标准差
2010	11	0~10	39.80	6	7.54	0.38	6	0.02	629.67	6	11.94	171.79	6	43.67	22.95	6	0.82	23 898.87	6	1 340.74
2010	11	10~20	45.03	6	8.39	0.37	6	0.04	630.11	6	17.84	202.51	6	23.04	22.93	6	0.69	23 471.87	6	988.06
2010	11	20~40	43.84	6	4.40	0.44	6	0.10	659.98	6	47.92	197.67	6	25.34	24.63	6	1.83	25 033.29	6	1 683.07
2010	11	40~60	40.25	6	11.11	0.76	6	0.16	749.36	6	36.54	189.00	6	63.18	28.67	6	0.98	28 873.64	6	1 324.18
2010	11	60~100	38.65	6	19.47	0.45	6	0.10	647.88	6	43.94	180.45	6	66.65	24.77	6	0.92	27 055.02	6	2 069.57
2015	11	0~10	56.29	6	5.46	2.16	6	0.70	648.58	6	57.94	71.06	6	5.36	23.07	6	3.59	9 637.89	6	628.38
2015	11	10~20	61.75	6	21.44	2.44	6	0.92	663.11	6	61.49	74.67	6	6.39	23.98	6	3.08	9 605.30	6	729.42
2015	11	20~40	60.81	6	7.60	2.28	6	0.79	653.18	6	58.12	58.96	6	6.31	22.66	6	3.21	9 709.28	6	487.30
2015	11	40~60	57.45	6	13.08	3.31	6	1.75	649.80	6	87.68	69.19	6	11.31	23.59	6	5.00	9 597.44	6	1 156.58
2015	11	60~100	48.77	6	7.56	3.21	6	1.82	645.55	6	83.09	69.60	6	15.49	23.40	6	6.38	9 648.80	6	1 419.00

表 3-56　站区调查点土壤微量元素

年份	月份	样地代码	观测层(cm)	全硼(mg/kg) 平均值	重复数	标准差	全钼(mg/kg) 平均值	重复数	标准差	全锰(mg/kg) 平均值	重复数	标准差	全锌(mg/kg) 平均值	重复数	标准差	全铜(mg/kg) 平均值	重复数	标准差	全铁(mg/kg) 平均值	重复数	标准差
2015	11	AKAZQ01ABC_01	0~10	55.09	6	4.03	2.30	6	0.33	588.25	6	60.08	69.04	6	2.63	21.61	6	0.72	8 600.76	6	648.56
2015	11	AKAZQ01ABC_01	10~20	55.37	6	4.28	2.40	6	0.51	562.61	6	64.60	66.34	6	4.70	20.72	6	1.31	8 258.12	6	766.45
2015	11	AKAZQ01ABC_01	20~40	78.10	6	31.76	2.47	6	0.50	565.37	6	53.15	65.43	6	4.09	20.59	6	1.54	8 303.91	6	685.46
2015	11	AKAZQ01ABC_01	40~60	54.07	6	5.08	2.37	6	0.94	579.00	6	39.89	67.29	6	5.69	21.86	6	2.14	8 872.92	6	790.57
2015	11	AKAZQ01ABC_01	60~100	53.76	6	3.07	2.48	6	1.37	579.70	6	91.22	68.27	6	10.97	21.91	6	4.50	8 840.43	6	1 321.28
2015	11	AKAZQ02ABC_01	0~10	46.91	6	11.24	1.78	6	0.32	674.18	6	90.23	82.73	6	10.41	28.28	6	5.48	9 596.01	6	901.32
2015	11	AKAZQ02ABC_01	10~20	58.02	6	33.65	1.75	6	0.42	670.24	6	97.80	80.69	6	9.53	27.75	6	5.25	9 786.82	6	1 075.52
2015	11	AKAZQ02ABC_01	20~40	61.16	6	26.07	2.24	6	0.64	822.29	6	360.17	100.50	6	47.59	36.76	6	22.70	12 435.57	6	6 252.29
2015	11	AKAZQ02ABC_01	40~60	61.70	6	29.26	2.07	6	0.90	804.82	6	384.24	86.44	6	32.93	32.64	6	17.17	11 228.19	6	4 586.95
2015	11	AKAZQ02ABC_01	60~100	43.49	6	11.22	1.47	6	0.32	639.47	6	70.46	76.91	6	10.96	25.73	6	5.59	9 557.83	6	1 019.22

3.2.5 土壤重金属元素数据集

3.2.5.1 概述

本数据集包括阿克苏站2010年和2015年3个长期监测样地和2个站区调查点每5年1次尺度的土壤重金属元素监测数据（年、月、观测层次、硒、镉、铅、铬、镍、汞和砷）。各观测点信息如下：综合观测场长期观测采样地（AKAZH01ABC_01）、综合观测场辅助长期观测采样地（不施肥）（AKAFZ01AB0_01）、综合观测场辅助长期观测采样地（化肥＋秸秆还田）（AKAFZ02AB0_01）、站区调查点1（AKAZQ01AB0_01）、站区调查点2（AKAZQ02AB0_01）。

3.2.5.2 数据采集和处理方法

（1）观测样地。按照中国生态系统研究网络土壤长期观测规范，土壤重金属元素（镉、铅、镍、铬、硒、砷、汞）的监测频率为每5年1次，监测目标为3个长期监测样地：综合观测场（AKAZH01）、辅助观测场（不施肥）（AKAFZ01）、辅助观测场（化肥＋秸秆还田）（AKAFZ02）；2015年新增了2个站区调查点：站区调查点1（AKAZQ01AB0_01）、站区调查点2（AKA-ZQ02AB0_01）。

（2）采样方法。在需要监测年份的秋季作物收获后，在采样点挖取长1.5 m、宽1 m、深1.2 m的土壤剖面，观察面向阳，挖出的土壤按不同层次分开放置，用木制土铲铲除观察面表层与铁锹接触的土壤，自下向上采集各层土样，每层约1.5 kg，装入聚乙烯塑料袋中，最后将挖出土壤按层回填。取回的土样置于干净的白纸上风干，挑除根系、地膜和石子，四分法取适量碾磨后，过2 mm尼龙筛，再四分法取适量碾磨后，过0.149 mm尼龙筛，装入聚乙烯塑料自封袋中分析备用，剩余部分装入广口瓶留作样品标本保存。

（3）分析方法。镉采用硝酸-氢氟酸-过氧化氢消解ICP、ICP－MS等离子质谱法（GB 17141—1997）；铅采用硝酸-氢氟酸-过氧化氢消解ICP、ICP－MS等离子质谱法（GB 17141—1997）；镍采用硝酸-氢氟酸-过氧化氢消解ICP、ICP－MS等离子质谱法（GB 17140—1997）；铬采用硝酸-氢氟酸-过氧化氢消解ICP、ICP－MS等离子质谱法（GB 17139—1997）；硒采用硝酸-氢氟酸-过氧化氢消解ICP、ICP－MS等离子质谱法；砷采用硝酸-氢氟酸-过氧化氢消解ICP、ICP－MS等离子质谱法（GB 17135—1997）；汞采用硝酸-氢氟酸-过氧化氢消解ICP、ICP－MS等离子质谱法（GB 17136—1997）。

3.2.5.3 数据质量控制和评估

（1）土壤样品测试分析时插入国家标准样品进行质量控制。

（2）土壤样品测试分析时进行3次平行样品测定。

（3）利用校验软件检查每个监测数据是否超出相同土壤类型和采样深度的历史数据阈值范围、每个观测场监测项目均值是否超出该样地相同深度历史数据均值的2倍标准差、每个观测场监测项目标准差是否超出该样地相同深度历史数据的2倍标准差或者样地空间变异调查的2倍标准差等。对于超出范围的数据进行核实或再次测定。

3.2.5.4 数据价值、数据使用方法和建议

土壤重金属含量是土壤重要的环境要素，尽管土壤具有对污染物的降解能力，但对于重金属元素，土壤尚不能发挥其天然净化功能，因此对其进行长期、系统的监测显得尤为重要。

阿克苏站土壤剖面重金属元素数据可为区域土壤环境质量评估、土壤污染风险评估以及环境土壤学研究等工作提供数据基础。

3.2.5.5 数据

各采样地土壤重金属元素数据见表3-57至表3-64。

表 3-57　综合观测场长期观测采样地土壤重金属元素（一）

年份	月份	观测层次（cm）	硒（mg/kg）			镉（mg/kg）			铅（mg/kg）			铬（mg/kg）		
			平均值	重复数	标准差	平均值	重复数	标准差	平均值	重复数	标准差	平均值	重复数	标准差
2010	11	0～10				0.118	6	0.027	19.35	6	1.77	51.4	6	6.1
2010	11	10～20				0.113	6	0.023	18.84	6	1.84	52.1	6	6.6
2010	11	20～40				0.114	6	0.022	20.41	6	1.32	51.6	6	6.6
2010	11	40～60				0.119	6	0.022	20.85	6	1.96	55.7	6	11.4
2010	11	60～100				0.094	6	0.015	19.22	6	1.49	52.1	6	8.9
2015	11	0～10	0.17	6	0.00	0.115	6	0.012	21.08	6	0.42	53.3	6	3.8
2015	11	10～20	0.17	6	0.00	0.109	6	0.011	20.43	6	0.72	53.3	6	2.0
2015	11	20～40	0.17	6	0.01	0.117	6	0.018	22.44	6	3.75	57.0	6	3.4
2015	11	40～60	0.17	6	0.01	0.110	6	0.029	22.50	6	5.35	56.2	6	5.8
2015	11	60～100	0.17	6	0.01	0.092	6	0.013	19.79	6	1.57	51.4	6	3.1

表 3-58　综合观测场长期观测采样地土壤重金属元素（二）

年份	月份	观测层次（cm）	镍（mg/kg）			汞（mg/kg）			砷（mg/kg）		
			平均值	重复数	标准差	平均值	重复数	标准差	平均值	重复数	标准差
2010	11	0～10	34.8	6	2.6	0.05	6	0.04	5.25	6	1.77
2010	11	10～20	36.0	6	3.6	0.08	6	0.06	6.09	6	2.70
2010	11	20～40	39.8	6	3.4	0.12	6	0.15	6.17	6	2.68
2010	11	40～60	40.7	6	5.2	0.12	6	0.19	14.99	6	15.09
2010	11	60～100	36.4	6	4.2	0.05	6	0.03	7.89	6	4.65
2015	11	0～10	30.2	6	1.6	2.38	6	2.31	13.31	6	0.84
2015	11	10～20	29.6	6	1.1	2.70	6	3.06	12.88	6	0.84
2015	11	20～40	31.6	6	2.1	1.69	6	1.90	14.07	6	1.64
2015	11	40～60	31.9	6	4.5	1.60	6	1.73	14.46	6	3.31
2015	11	60～100	28.8	6	1.4	1.28	6	1.22	11.01	6	1.24

表 3-59　辅助观测场长期观测采样地（不施肥）土壤重金属元素（一）

年份	月份	观测层次（cm）	硒（mg/kg）			镉（mg/kg）			铅（mg/kg）			铬（mg/kg）		
			平均值	重复数	标准差	平均值	重复数	标准差	平均值	重复数	标准差	平均值	重复数	标准差
2010	11	0～10				0.172	6	0.168	17.70	6	5.25	42.2	6	17.6
2010	11	10～20				0.126	6	0.018	19.15	6	0.54	47.2	6	3.0
2010	11	20～40				0.124	6	0.021	19.20	6	1.06	50.5	6	12.4
2010	11	40～60				0.123	6	0.018	20.33	6	1.74	52.6	6	7.1
2010	11	60～100				0.093	6	0.018	19.70	6	2.66	53.1	6	10.8
2015	11	0～10	0.17	6	0.00	0.113	6	0.016	16.64	6	3.81	46.1	6	1.0
2015	11	10～20	0.17	6	0.00	0.118	6	0.004	17.87	6	0.51	46.5	6	2.3
2015	11	20～40	0.18	6	0.03	0.120	6	0.020	17.88	6	2.38	45.3	6	7.2
2015	11	40～60	0.17	6	0.02	0.111	6	0.012	18.22	6	2.95	53.0	6	16.8
2015	11	60～100	0.16	6	0.00	0.101	6	0.027	18.05	6	2.67	52.3	6	13.7

表 3-60　辅助观测场长期观测采样地（不施肥）土壤重金属元素（二）

年份	月份	观测层次（cm）	镍（mg/kg）			汞（mg/kg）			砷（mg/kg）		
			平均值	重复数	标准差	平均值	重复数	标准差	平均值	重复数	标准差
2010	11	0~10	31.3	6	9.8	0.02	6	0.02	8.64	6	4.58
2010	11	10~20	34.6	6	2.6	0.01	6	0.01	7.50	6	1.07
2010	11	20~40	37.3	6	7.3	0.02	6	0.01	8.26	6	2.06
2010	11	40~60	36.2	6	5.1	0.02	6	0.02	9.50	6	1.70
2010	11	60~100	34.5	6	4.6	0.03	6	0.03	7.77	6	1.16
2015	11	0~10	24.8	6	2.4	0.65	6	0.19	12.35	6	0.45
2015	11	10~20	25.4	6	2.1	0.79	6	0.22	12.07	6	0.44
2015	11	20~40	26.6	6	4.9	0.87	6	0.22	12.45	6	1.17
2015	11	40~60	28.4	6	9.5	0.73	6	0.15	13.22	6	3.12
2015	11	60~100	26.8	6	6.4	0.63	6	0.08	12.06	6	2.46

表 3-61　辅助观测场长期观测采样地（化肥＋秸秆还田）土壤重金属元素（一）

年份	月份	观测层次（cm）	硒（mg/kg）			镉（mg/kg）			铅（mg/kg）			铬（mg/kg）		
			平均值	重复数	标准差	平均值	重复数	标准差	平均值	重复数	标准差	平均值	重复数	标准差
2010	11	0~10				0.095	6	0.014	19.47	6	0.56	55.9	6	2.1
2010	11	10~20				0.096	6	0.007	19.18	6	0.58	55.3	6	3.0
2010	11	20~40				0.095	6	0.011	19.53	6	1.36	55.9	6	3.2
2010	11	40~60				0.113	6	0.018	21.93	6	1.46	63.3	6	3.7
2010	11	60~100				0.098	6	0.013	20.48	6	1.64	60.1	6	5.2
2015	11	0~10	0.17	6	0.00	0.115	6	0.031	18.09	6	1.04	54.6	6	2.9
2015	11	10~20	0.17	6	0.00	0.114	6	0.030	18.98	6	0.99	57.7	6	7.1
2015	11	20~40	0.17	6	0.00	0.101	6	0.025	17.98	6	1.19	55.0	6	4.5
2015	11	40~60	0.17	6	0.00	0.093	6	0.023	19.39	6	3.80	54.7	6	6.7
2015	11	60~100	0.17	6	0.00	0.093	6	0.026	19.59	6	3.94	54.9	6	9.5

表 3-62　辅助观测场长期观测采样地（化肥＋秸秆还田）土壤重金属元素（二）

年份	月份	观测层次（cm）	镍（mg/kg）			汞（mg/kg）			砷（mg/kg）		
			平均值	重复数	标准差	平均值	重复数	标准差	平均值	重复数	标准差
2010	11	0~10	35.0	6	0.6	0.06	6	0.04	7.89	6	1.89
2010	11	10~20	35.3	6	1.1	0.05	6	0.06	9.34	6	1.66
2010	11	20~40	38.0	6	2.6	0.05	6	0.05	9.02	6	1.63
2010	11	40~60	42.5	6	2.7	0.04	6	0.03	9.39	6	2.78
2010	11	60~100	40.6	6	5.0	0.06	6	0.03	8.23	6	4.28
2015	11	0~10	28.6	6	2.3	0.67	6	0.08	11.77	6	0.32
2015	11	10~20	29.7	6	2.3	0.73	6	0.15	12.27	6	0.66
2015	11	20~40	29.0	6	2.3	0.68	6	0.10	11.92	6	0.72
2015	11	40~60	30.0	6	4.3	0.69	6	0.19	12.67	6	2.99
2015	11	60~100	30.0	6	6.7	0.77	6	0.15	13.28	6	4.31

表 3-63　站区调查点土壤重金属元素（一）

年份	月份	样地代码	观测层次（cm）	硒（mg/kg）			镉（mg/kg）			铅（mg/kg）			铬（mg/kg）		
				平均值	重复数	标准差	平均值	重复数	标准差	平均值	重复数	标准差	平均值	重复数	标准差
2015	11	AKAZQ01ABC_01	0～10	0.17	6	0.01	0.111	6	0.013	18.99	6	0.55	52.6	6	2.7
2015	11	AKAZQ01ABC_01	10～20	0.17	6	0.01	0.112	6	0.014	18.17	6	1.33	50.2	6	2.9
2015	11	AKAZQ01ABC_01	20～40	0.17	6	0.00	0.100	6	0.014	17.88	6	0.94	50.4	6	2.4
2015	11	AKAZQ01ABC_01	40～60	0.17	6	0.01	0.091	6	0.013	18.78	6	1.69	53.5	6	3.6
2015	11	AKAZQ01ABC_01	60～100	0.17	6	0.01	0.088	6	0.019	18.82	6	3.18	53.1	6	7.0
2015	11	AKAZQ02ABC_01	0～10	0.17	6	0.00	0.136	6	0.041	18.14	6	0.54	54.0	6	2.8
2015	11	AKAZQ02ABC_01	10～20	0.17	6	0.01	0.132	6	0.042	18.24	6	0.83	55.1	6	4.9
2015	11	AKAZQ02ABC_01	20～40	0.17	6	0.02	0.168	6	0.092	23.68	6	12.76	67.6	6	31.7
2015	11	AKAZQ02ABC_01	40～60	0.16	6	0.02	0.154	6	0.115	20.17	6	6.56	59.1	6	17.2
2015	11	AKAZQ02ABC_01	60～100	0.17	6	0.01	0.124	6	0.033	18.01	6	2.00	54.4	6	5.7

表 3-64　站区调查点土壤重金属元素（二）

年份	月份	样地代码	观测层次（cm）	镍（mg/kg）			汞（mg/kg）			砷（mg/kg）		
				平均值	重复数	标准差	平均值	重复数	标准差	平均值	重复数	标准差
2015	11	AKAZQ01ABC_01	0～10	27.3	6	1.8	0.76	6	0.12	10.38	6	0.31
2015	11	AKAZQ01ABC_01	10～20	26.3	6	2.6	0.79	6	0.17	10.10	6	0.73
2015	11	AKAZQ01ABC_01	20～40	26.5	6	2.6	0.73	6	0.11	10.14	6	0.35
2015	11	AKAZQ01ABC_01	40～60	28.2	6	2.9	0.82	6	0.32	11.15	6	1.62
2015	11	AKAZQ01ABC_01	60～100	28.3	6	6.0	0.73	6	0.11	11.23	6	3.75
2015	11	AKAZQ02ABC_01	0～10	30.3	6	3.2	0.76	6	0.08	12.50	6	1.53
2015	11	AKAZQ02ABC_01	10～20	30.2	6	3.3	0.73	6	0.11	12.50	6	1.56
2015	11	AKAZQ02ABC_01	20～40	38.4	6	18.8	1.16	6	0.85	16.61	6	9.98
2015	11	AKAZQ02ABC_01	40～60	34.3	6	12.8	0.89	6	0.27	14.15	6	4.85
2015	11	AKAZQ02ABC_01	60～100	30.1	6	3.3	0.78	6	0.08	11.26	6	1.26

3.2.6　土壤速效微量元素数据集

3.2.6.1　概述

本数据集包括阿克苏站 2010 年和 2015 年 3 个长期监测样地和 2 个站区调查点每 5 年 1 次尺度的土壤速效微量元素监测数据（年、月、观测层次、有效铁、有效铜、有效钼、有效硼、有效锰和有效锌）。各观测点信息如下：综合观测场长期观测采样地（AKAZH01ABC_01）、综合观测场辅助长期观测采样地（不施肥）（AKAFZ01AB0_01）、综合观测场辅助长期观测采样地（化肥＋秸秆还田）（AKAFZ02AB0_01）、站区调查点 1（AKAZQ01AB0_01）、站区调查点 2（AKAZQ02AB0_01）。

3.2.6.2　数据采集和处理方法

（1）观测样地。按照中国生态系统研究网络土壤长期观测规范，表层土壤（0～10 cm 和 10～20 cm）速效微量元素（有效铜、有效硼、有效钼、有效锌、有效锰、有效铁）的监测频率为每 5 年 1 次，监测目标为 3 个长期监测样地：综合观测场（AKAZH01）、辅助观测场（不施肥）（AKAFZ01）、辅助观测场（化肥＋秸秆还田）（AKAFZ02）；2015 年新增了 2 个站区调查点：站区调查点 1（AKAZQ01AB0_01）、站区调查点 2（AKAZQ02AB0_01）。

（2）采样方法。在需要监测年份的秋季作物收获后，在采样点挖取长 1.5 m、宽 1 m、深 1.2 m 的土壤剖面，观察面向阳，挖出的土壤按不同层次分开放置，用木制土铲铲除观察面表层与铁锹接触的土壤，自下向上采集各层土样，每层约 1.5 kg，装入聚乙烯塑料袋中，最后将挖出土壤按层回填。取回的土样置于干净的白纸上风干，挑除根系、地膜和石子，四分法取适量碾磨后，过 2 mm 尼龙筛，再四分法取适量碾磨后，过 0.149 mm 尼龙筛，装入聚乙烯塑料自封袋中分析备用，剩余部分装入广口瓶留作样品标本保存。

（3）分析方法。有效铜采用 DPTA 浸提和 ICP - MS 等离子质谱法（GB 7879—1987）；有效硼采用 DPTA 浸提和 ICP - MS 等离子质谱法（GB 12298—1990）；有效钼采用草酸-草酸铵浸提和 ICP - MS 等离子质谱法（GB 7878—1987）；有效锌采用 DPTA 浸提和 ICP - MS 等离子质谱法（GB 7880—1987）；有效锰采用 DPTA 浸提（石灰性土壤）和 ICP - MS 等离子色谱法（GB 7883—1987）；有效铁采用 DPTA 浸提和 ICP - MS 等离子质谱法（GB 7881—1987）。

3.2.6.3　数据质量控制和评估

（1）土壤样品分析测定时插入国家标准样品进行质量控制。

（2）土壤样品测试分析时进行 3 次平行样品测定。

（3）利用校验软件检查每个监测数据是否超出相同土壤类型和采样深度的历史数据阈值范围、每个观测场监测项目均值是否超出该样地相同深度历史数据均值的 2 倍标准差、每个观测场监测项目标准差是否超出该样地相同深度历史数据的 2 倍标准差或者样地空间变异调查的 2 倍标准差等。对于超出范围的数据进行核实或再次测定。

3.2.6.4　数据价值、数据使用方法和建议

表层土壤速效微量元素能够积极参与植物体内的代谢过程，对作物品质的影响较明显。本数据集通过对该区域典型有代表性的农田表层土壤速效微量元素的分析，部分反映了该流域冲积土表层土壤速效微量元素的丰缺状况，可为当地农业生产提供数据参考，还可为该区域土壤环境质量评估、土壤学研究等工作提供数据基础。

3.2.6.5　数据

各采样地土壤速效微量元素数据见表 3 - 65 至表 3 - 72。

表 3 - 65　综合观测场长期观测采样地土壤速效微量元素（一）

年份	月份	观测层次（cm）	有效铁（mg/kg）			有效铜（mg/kg）			有效钼（mg/kg）		
			平均值	重复数	标准差	平均值	重复数	标准差	平均值	重复数	标准差
2010	11	0～10	21.7	6	6.1	1.01	6	0.15	0.777	6	0.158
2010	11	10～20	22.2	6	2.4	1.06	6	0.24	0.823	6	0.161
2015	11	0～10	36.1	6	10.6	1.48	6	0.37	0.651	6	0.132
2015	11	10～20	35.0	6	8.6	1.53	6	0.29	0.740	6	0.173

表 3 - 66　综合观测场长期观测采样地土壤速效微量元素（二）

年份	月份	观测层次（cm）	有效硼（mg/kg）			有效锰（mg/kg）			有效锌（mg/kg）		
			平均值	重复数	标准差	平均值	重复数	标准差	平均值	重复数	标准差
2010	11	0～10	1.009	6	0.238	3.62	6	1.26	0.56	6	0.13
2010	11	10～20	1.392	6	0.276	3.99	6	1.51	0.71	6	0.13
2015	11	0～10	0.364	6	0.062	8.49	6	2.43	1.18	6	0.52
2015	11	10～20	0.444	6	0.105	10.07	6	2.61	1.22	6	0.24

表 3-67 辅助观测场长期观测采样地（不施肥）土壤速效微量元素（一）

年份	月份	观测层次（cm）	有效铁（mg/kg）			有效铜（mg/kg）			有效钼（mg/kg）		
			平均值	重复数	标准差	平均值	重复数	标准差	平均值	重复数	标准差
2010	11	0～10	23.7	6	4.3	1.02	6	0.14	0.381	6	0.122
2010	11	10～20	24.2	6	1.7	1.03	6	0.11	0.413	6	0.138
2015	11	0～10	27.9	6	4.6	1.39	6	0.24	0.440	6	0.175
2015	11	10～20	31.2	6	1.5	1.42	6	0.21	0.442	6	0.149

表 3-68 辅助观测场长期观测采样地（不施肥）土壤速效微量元素（二）

年份	月份	观测层次（cm）	有效硼（mg/kg）			有效锰（mg/kg）			有效锌（mg/kg）		
			平均值	重复数	标准差	平均值	重复数	标准差	平均值	重复数	标准差
2010	11	0～10	0.976	6	0.275	5.57	6	0.73	0.64	6	0.08
2010	11	10～20	1.119	6	0.159	5.93	6	1.01	0.67	6	0.15
2015	11	0～10	0.470	6	0.130	8.13	6	3.24	0.93	6	0.16
2015	11	10～20	0.403	6	0.126	5.25	6	1.11	0.84	6	0.12

表 3-69 辅助观测场长期观测采样地（化肥＋秸秆还田）土壤速效微量元素（一）

年份	月份	观测层次（cm）	有效铁（mg/kg）			有效铜（mg/kg）			有效钼（mg/kg）		
			平均值	重复数	标准差	平均值	重复数	标准差	平均值	重复数	标准差
2010	11	0～10	19.4	6	4.4	0.58	6	0.09	0.660	6	0.069
2010	11	10～20	18.9	6	4.7	0.57	6	0.08	0.710	6	0.113
2015	11	0～10	30.9	6	6.6	1.06	6	0.21	0.634	6	0.081
2015	11	10～20	37.1	6	6.6	1.09	6	0.07	0.678	6	0.119

表 3-70 辅助观测场长期观测采样地（化肥＋秸秆还田）土壤速效微量元素（二）

年份	月份	观测层次（cm）	有效硼（mg/kg）			有效锰（mg/kg）			有效锌（mg/kg）		
			平均值	重复数	标准差	平均值	重复数	标准差	平均值	重复数	标准差
2010	11	0～10	0.862	6	0.354	2.27	6	0.38	0.42	6	0.04
2010	11	10～20	1.121	6	0.504	2.67	6	0.83	0.39	6	0.07
2015	11	0～10	0.258	6	0.084	7.54	6	3.85	0.78	6	0.46
2015	11	10～20	0.255	6	0.055	6.59	6	1.46	0.58	6	0.10

表 3-71 站区调查点土壤速效微量元素（一）

年份	月份	样地代码	观测层次（cm）	有效铁（mg/kg）			有效铜（mg/kg）			有效钼（mg/kg）		
				平均值	重复数	标准差	平均值	重复数	标准差	平均值	重复数	标准差
2015	11	AKAZQ01ABC_01	0～10	47.5	6	4.1	1.66	6	0.16	0.697	6	0.102
2015	11	AKAZQ01ABC_01	10～20	47.8	6	3.0	1.61	6	0.17	0.713	6	0.187
2015	11	AKAZQ02ABC_01	0～10	48.5	6	3.2	1.85	6	0.22	0.692	6	0.120
2015	11	AKAZQ02ABC_01	10～20	42.4	6	7.5	1.66	6	0.33	0.686	6	0.094

表 3-72 站区调查点土壤速效微量元素（二）

年份	月份	样地代码	观测层次（cm）	有效硼（mg/kg）			有效锰（mg/kg）			有效锌（mg/kg）		
				平均值	重复数	标准差	平均值	重复数	标准差	平均值	重复数	标准差
2015	11	AKAZQ01ABC_01	0～10	0.330	6	0.112	7.13	6	1.63	0.77	6	0.12

（续）

年份	月份	样地代码	观测层次（cm）	有效硼（mg/kg）			有效锰（mg/kg）			有效锌（mg/kg）		
				平均值	重复数	标准差	平均值	重复数	标准差	平均值	重复数	标准差
2015	11	AKAZQ01ABC_01	10~20	0.456	6	0.199	7.26	6	1.19	0.75	6	0.11
2015	11	AKAZQ02ABC_01	0~10	0.482	6	0.145	7.64	6	1.86	1.16	6	0.20
2015	11	AKAZQ02ABC_01	10~20	0.597	6	0.209	6.16	6	2.59	0.99	6	0.27

3.2.7 土壤机械组成数据集

3.2.7.1 概述

本数据集包括阿克苏站 2006 年和 2015 年 3 个长期监测样地和 2 个站区调查点每 10 年 1 次尺度的土壤机械组成监测数据（年、月、观测层次、0.05~2 mm、0.002~0.05 mm、<0.002 mm 以及土壤质地名称）。各观测点信息如下：综合观测场长期观测采样地（AKAZH01ABC_01）、综合观测场辅助长期观测采样地（不施肥）（AKAFZ01AB0_01）、综合观测场辅助长期观测采样地（化肥＋秸秆还田）（AKAFZ02AB0_01）、站区调查点 1（AKAZQ01AB0_01）和站区调查点 2（AKAZQ02AB0_01）。

3.2.7.2 数据采集和处理方法

（1）观测样地。按照中国生态系统研究网络土壤长期观测规范，剖面土壤机械组成的监测频率为每 10 年 1 次，监测目标为 3 个长期监测样地：综合观测场（AKAZH01）、辅助观测场（不施肥）（AKAFZ01）、辅助观测场（化肥＋秸秆还田）（AKAFZ02）；2015 年新增了 2 个站区调查点：站区调查点 1（AKAZQ01AB0_01）、站区调查点 2（AKAZQ02AB0_01）。

（2）采样方法。在需要监测年份的秋季作物收获后，在采样点挖取长 1.5 m、宽 1 m、深 1.2 m 的土壤剖面，观察面向阳，挖出的土壤按不同层次分开放置，用木制土铲铲除观察面表层与铁锹接触的土壤，自下向上采集各层土样，每层约 1.5 kg，装入聚乙烯塑料袋中，最后将挖出土壤按层回填。取回的土样置于干净的白纸上风干，挑除根系、地膜和石子，四分法取适量碾磨后，过 2 mm 尼龙筛，装入聚乙烯塑料自封袋中分析备用，剩余部分装入广口瓶留作样品标本保存。

（3）分析方法。土壤机械组成的测定采用激光粒度仪法。

3.2.7.3 数据质量控制和评估

（1）土壤样品在测试分析时进行 3 次平行样品测定。

（2）利用校验软件检查每个监测数据是否超出相同土壤类型和采样深度的历史数据阈值范围、每个观测场监测项目均值是否超出该样地相同深度历史数据均值的 2 倍标准差、每个观测场监测项目标准差是否超出该样地相同深度历史数据的 2 倍标准差或者样地空间变异调查的 2 倍标准差等。对于超出范围的数据进行核实或再次测定。

3.2.7.4 数据

各采样地土壤机械组成数据见表 3-73 至表 3-76。

表 3-73　综合观测场长期观测采样地土壤机械组成

年份	月份	观测层次（cm）	0.05~2 mm		0.002~0.05 mm		<0.002 mm		重复数	土壤质地名称（按美国制三角坐标图）
			平均值	标准差	平均值	标准差	平均值	标准差		
2006	10	0~10	91.97	1.83	8.03	1.83	0.00	0.00	6	壤土
2006	10	10~20	91.64	0.97	8.36	0.97	0.00	0.00	6	粉沙壤土

（续）

年份	月份	观测层次（cm）	0.05～2 mm		0.002～0.05 mm		＜0.002 mm		重复数	土壤质地名称（按美国制三角坐标图）
			平均值	标准差	平均值	标准差	平均值	标准差		
2006	10	20～40	88.44	2.04	11.56	2.04	0.00	0.00	6	黏壤土
2006	10	40～60	86.30	1.82	13.70	1.82	0.00	0.00	6	黏壤土
2006	10	60～100	90.58	3.13	9.42	3.13	0.00	0.00	6	沙土
2015	11	0～10	9.13	1.17	73.03	1.88	17.85	2.15	6	粉质黏壤土
2015	11	10～20	9.09	0.68	73.13	3.15	17.79	2.63	6	粉质黏壤土
2015	11	20～40	8.54	1.54	69.10	6.82	22.36	8.05	6	粉质黏壤土
2015	11	40～60	11.02	4.05	71.93	8.53	17.05	12.52	6	粉质壤土
2015	11	60～100	7.96	0.94	65.17	2.45	26.87	3.19	6	粉质黏土

表 3-74　辅助观测场长期观测采样地（不施肥）土壤机械组成

年份	月份	观测层次（cm）	0.05～2 mm		0.002～0.05 mm		＜0.002 mm		重复数	土壤质地名称（按美国制三角坐标图）
			平均值	标准差	平均值	标准差	平均值	标准差		
2006	10	0～10	92.68	0.73	7.32	0.73	0.00	0.00	3	壤土
2006	10	10～20	92.12	0.57	7.88	0.57	0.00	0.00	3	粉沙壤土
2006	10	20～40	93.65	0.93	6.35	0.93	0.00	0.00	3	黏壤土
2006	10	40～60	87.25	2.87	12.75	2.87	0.00	0.00	3	黏壤土
2006	10	60～100	93.91	1.82	6.09	1.82	0.00	0.00	3	沙土
2015	11	0～10	8.64	1.51	69.25	4.05	22.10	5.46	6	粉质黏壤土
2015	11	10～20	8.14	0.45	68.15	3.00	23.71	3.35	6	粉质黏土
2015	11	20～40	9.02	1.00	71.40	4.81	19.58	5.34	6	粉质黏壤土
2015	11	40～60	9.08	1.00	69.60	9.45	21.32	10.39	6	粉质黏壤土
2015	11	60～100	8.38	3.10	62.05	19.42	29.57	22.45	6	粉质黏壤土

表 3-75　辅助观测场长期观测采样地（化肥＋秸秆还田）土壤机械组成

年份	月份	观测层次（cm）	0.05～2 mm		0.002～0.05 mm		＜0.002 mm		重复数	土壤质地名称（按美国制三角坐标图）
			平均值	标准差	平均值	标准差	平均值	标准差		
2006	10	0～10	92.95	1.47	7.05	1.47	0.00	0.00	3	沙壤土
2006	10	10～20	93.61	1.00	6.39	1.00	0.00	0.00	3	沙壤土
2006	10	20～40	91.26	2.80	8.74	2.80	0.00	0.00	3	黏壤土
2006	10	40～60	87.34	4.16	12.66	4.16	0.00	0.00	3	黏壤土
2006	10	60～100	89.91	1.32	10.09	1.32	0.00	0.00	3	沙土
2015	11	0～10	7.80	0.95	67.31	3.41	24.89	4.29	6	粉质黏壤土
2015	11	10～20	8.62	0.90	69.31	1.74	22.07	2.08	6	粉质黏壤土
2015	11	20～40	9.29	0.69	68.43	1.88	22.28	2.38	6	粉质黏壤土
2015	11	40～60	10.82	4.18	71.84	5.84	17.34	9.75	6	粉质黏壤土
2015	11	60～100	11.14	5.36	69.17	11.25	19.69	16.12	6	粉质黏壤土

表 3-76　站区调查点土壤机械组成

年份	月份	样地代码	观测层次 (cm)	0.05~2 mm		0.002~0.05 mm		<0.002 mm		重复数	土壤质地名称 （按美国制三角坐标图）
				平均值	标准差	平均值	标准差	平均值	标准差		
2015	11	AKAZQ01ABC_01	0~10	8.29	0.45	70.29	1.19	21.42	1.54	6	粉质黏壤土
2015	11	AKAZQ01ABC_01	10~20	7.88	0.85	70.49	3.91	21.64	4.73	6	粉质黏壤土
2015	11	AKAZQ01ABC_01	20~40	8.62	0.28	71.18	1.66	20.20	1.81	6	粉质黏壤土
2015	11	AKAZQ01ABC_01	40~60	8.90	0.85	68.30	2.81	22.80	3.00	6	粉质黏壤土
2015	11	AKAZQ01ABC_01	60~100	8.68	2.38	70.29	5.75	21.03	7.59	6	粉质黏壤土
2015	11	AKAZQ02ABC_01	0~10	8.57	1.06	69.16	4.19	22.27	5.15	6	粉质黏壤土
2015	11	AKAZQ02ABC_01	10~20	8.91	1.03	68.40	2.94	22.69	3.74	6	粉质黏壤土
2015	11	AKAZQ02ABC_01	20~40	9.51	1.16	70.25	3.41	20.24	4.30	6	粉质黏壤土
2015	11	AKAZQ02ABC_01	40~60	9.43	2.74	69.35	4.40	21.22	7.00	6	粉质黏壤土
2015	11	AKAZQ02ABC_01	60~100	8.04	1.77	67.10	4.74	24.86	6.33	6	粉质黏壤土

3.2.8　土壤容重数据集

3.2.8.1　概述

本数据集包括阿克苏站 2010 年和 2015 年 3 个长期监测样地每 5 年 1 次尺度的土壤表层及每 10 年 1 次尺度土壤剖面容重监测数据［年、月、观测层次、土壤容重（g/cm³）］。各观测点信息如下：综合观测场长期观测采样地（AKAZH01ABC_01）、综合观测场辅助长期观测采样地（不施肥）（AKAFZ01AB0_01）、综合观测场辅助长期观测采样地（化肥＋秸秆还田）（AKAFZ02AB0_01）。

3.2.8.2　数据采集和处理方法

（1）观测样地。按照中国生态系统研究网络土壤长期观测规范，表层土壤容重的监测频率为每 5 年 1 次，剖面土壤容重的监测频率为每 10 年 1 次，监测目标为 3 个长期监测样地：综合观测场（AKAZH01）、辅助观测场（不施肥）（AKAFZ01）、辅助观测场（化肥＋秸秆还田）（AKAFZ02）；2015 年新增了 2 个站区调查点：站区调查点 1（AKAZQ01AB0_01）和站区调查点 2（AKA-ZQ02AB0_01）。

（2）采样方法。在需要监测年份的秋季作物收获后，在采样点挖取长 1.5 m、宽 1 m、深 1.2 m 的土壤剖面，观察面向阳，挖出的土壤按不同层次分开放置，用环刀分层次采集土壤容重样品，每个层次采集 6 个重复，带回实验室分析。

（3）分析方法。土壤容重采用环刀法进行测定。

3.2.8.3　数据质量控制和评估

（1）土壤样品测试分析时进行多重复平行样品测定。

（2）利用校验软件检查每个监测数据是否超出相同土壤类型和采样深度的历史数据阈值范围、每个观测场监测项目均值是否超出该样地相同深度历史数据均值的 2 倍标准差、每个观测场监测项目标准差是否超出该样地相同深度历史数据的 2 倍标准差或者样地空间变异调查的 2 倍标准差等。对于超出范围的数据进行核实或再次测定。

3.2.8.4　数据价值/数据使用方法和建议

土壤容重又称土壤密度，是反映土壤物理性质中的重要参数之一。阿克苏站农田土壤表层及剖面土壤容重数据可为该区域农业生产、土壤基础质量评估及土壤学研究等工作提供数据参考。

3.2.8.5　数据

各采样地土壤容重数据见表 3-77 至表 3-79。

表 3-77　综合观测场长期观测采样地土壤容重

年份	月份	观测层次（cm）	土壤容重（g/cm³）	重复数	标准差
2010	11	0～10	1.34	6	0.04
2010	11	10～20	1.36	6	0.05
2015	11	0～10	1.40	6	0.03
2015	11	10～20	1.48	6	0.05
2015	11	20～40	1.52	6	0.10
2015	11	40～60	1.44	6	0.11
2015	11	60～100	1.48	6	0.07

表 3-78　辅助观测场长期观测采样地（不施肥）土壤容重

年份	月份	观测层次（cm）	土壤容重（g/cm³）	重复数	标准差
2010	11	0～10	1.40	6	0.06
2010	11	10～20	1.48	6	0.06
2015	11	0～10	1.09	6	0.11
2015	11	10～20	1.42	6	0.13
2015	11	20～40	1.54	6	0.07
2015	11	40～60	1.53	6	0.05
2015	11	60～100	1.43	6	0.11

表 3-79　辅助观测场长期观测采样地（化肥＋秸秆还田）土壤容重

年份	月份	观测层次（cm）	土壤容重（g/cm³）	重复数	标准差
2010	11	0～10	1.32	6	0.04
2010	11	10～20	1.34	6	0.07
2015	11	0～10	1.36	6	0.04
2015	11	10～20	1.41	6	0.06
2015	11	20～40	1.44	6	0.08
2015	11	40～60	1.44	6	0.10
2015	11	60～100	1.43	6	0.09

3.3　水分观测数据

3.3.1　土壤含水量数据集

3.3.1.1　土壤体积含水量

（1）概述。本数据集包括阿克苏站 2008—2015 年 2 个长期监测样地 0～150 cm 土壤体积含水量的观测数据（年、月、作物名称、观测层次和体积含水量），计量单位为％。各观测点信息如下：综合观测场中子管采样地（AKAZH01CTS_01）、气象要素观测场中子管采样地（AKAQX01CTS_01）。

（2）数据采集和处理方法。

①观测样地。按照中国生态系统网络水分长期观测规范，土壤体积含水量的监测频率为每 5 天 1 次，监测目标为 2 个长期监测样地包括：综合观测场中子管采样地（AKAZH01CTS_01）、气象要素观测场中子管采样地（AKAQX01CTS_01）。

②观测方法。土壤体积含水量采用中子仪法。

③数据处理方法。根据质量控制后的数据按样地计算多个中子管的月平均数据。方法为：在水分分中心的水分 AC01 表的基础上，将每个样地多个中子管各观测深度的观测值取平均值后再计算月平均值，作为本数据产品的结果数据，同时获得重复数以及标准差。

（3）数据质量控制和评估。

①数据获取过程的质量控制。严格翔实地记录调查时间，核查并记录样地名称、代码，真实记录每季作物种类。另外，中子仪观测的准确程度依赖于对仪器的标定，标定的过程十分重要。因此，对于不同的土壤质地都实施标定，仪器使用一段时间后也要重新标定。

②规范原始数据记录的质控措施。原始数据记录是保证各种数据问题的溯源查询依据，要求做到：数据真实、记录规范、书写清晰、数据及辅助信息完整等。使用专用、规范印制的数据记录表和记录本，根据本站调查任务制定年度工作调查记录本，按照调查内容和时间顺序依次排列、装订、定制成本。使用铅笔或黑色碳素笔规范整齐填写，原始数据不得删除或涂改，如记录或观测有误，需将原有数据轻画横线标记，并将审核后的正确数据记录在原数据旁或备注栏，并签名。

③数据质量评估。将所获取的数据与各项辅助信息数据以及历史数据信息进行比较和阈值检查，评价数据的正确性、一致性、完整性、可比性和连续性，对监测数据超出历史数据阈值范围的进行校验，删除异常值或标注说明。经过水分监测负责人审核认定，批准后上报。

（4）数据。

各采样地土壤体积含水量数据见表 3-80、表 3-81。

表 3-80　综合观测场中子管采样地土壤体积含水量

年份	月份	作物名称	观测层次（cm）	体积含水量（%）	重复数	标准差
2008	1	棉花	10	33.9	18	7.3
2008	1	棉花	20	40.6	18	8.8
2008	1	棉花	30	47.1	18	5.6
2008	1	棉花	40	48.2	18	7.4
2008	1	棉花	50	42.6	18	5.7
2008	1	棉花	70	40.3	18	3.6
2008	1	棉花	90	40.3	18	4.0
2008	1	棉花	110	44.0	18	5.0
2008	1	棉花	130	44.4	18	3.7
2008	1	棉花	150	45.8	18	4.0
2008	2	棉花	10	32.1	18	6.0
2008	2	棉花	20	37.2	18	4.7
2008	2	棉花	30	46.5	18	3.1
2008	2	棉花	40	50.4	18	3.9
2008	2	棉花	50	49.7	18	3.2

（续）

年份	月份	作物名称	观测层次（cm）	体积含水量（%）	重复数	标准差
2008	2	棉花	70	35.4	18	2.3
2008	2	棉花	90	35.0	18	2.4
2008	2	棉花	110	38.9	18	3.3
2008	2	棉花	130	39.6	18	2.0
2008	2	棉花	150	40.8	18	1.3
2008	3	棉花	10	27.4	12	8.4
2008	3	棉花	20	41.4	12	5.4
2008	3	棉花	30	45.5	12	2.2
2008	3	棉花	40	46.3	12	3.3
2008	3	棉花	50	46.6	12	3.1
2008	3	棉花	70	42.8	12	4.2
2008	3	棉花	90	43.8	12	5.1
2008	3	棉花	110	44.8	12	4.0
2008	3	棉花	130	45.6	12	5.0
2008	3	棉花	150	48.6	12	3.9
2008	4	棉花	10	28.3	18	6.7
2008	4	棉花	20	35.0	18	4.4
2008	4	棉花	30	39.9	18	3.1
2008	4	棉花	40	42.0	18	2.8
2008	4	棉花	50	40.7	18	1.3
2008	4	棉花	70	38.2	18	1.7
2008	4	棉花	90	41.4	18	2.2
2008	4	棉花	110	43.4	18	3.4
2008	4	棉花	130	44.0	18	2.8
2008	4	棉花	150	46.4	18	2.6
2008	5	棉花	10	27.3	18	2.9
2008	5	棉花	20	34.1	18	3.0
2008	5	棉花	30	38.8	18	3.2
2008	5	棉花	40	40.0	18	2.3
2008	5	棉花	50	38.8	18	1.7
2008	5	棉花	70	37.3	18	1.8
2008	5	棉花	90	39.4	18	2.0
2008	5	棉花	110	41.1	18	2.3
2008	5	棉花	130	41.1	18	1.7
2008	5	棉花	150	44.0	18	1.6
2008	6	棉花	10	28.5	21	9.7
2008	6	棉花	20	34.9	21	6.3
2008	6	棉花	30	39.5	21	4.1

（续）

年份	月份	作物名称	观测层次（cm）	体积含水量（%）	重复数	标准差
2008	6	棉花	40	40.9	21	3.3
2008	6	棉花	50	39.7	21	2.6
2008	6	棉花	70	36.3	21	2.9
2008	6	棉花	90	38.5	21	2.7
2008	6	棉花	110	40.8	21	2.9
2008	6	棉花	130	40.9	21	1.9
2008	6	棉花	150	43.1	21	1.8
2008	7	棉花	10	26.4	18	6.3
2008	7	棉花	20	35.7	18	5.2
2008	7	棉花	30	41.3	18	4.1
2008	7	棉花	40	43.5	18	3.6
2008	7	棉花	50	43.1	18	3.0
2008	7	棉花	70	40.1	18	3.0
2008	7	棉花	90	41.6	18	2.4
2008	7	棉花	110	44.1	18	3.8
2008	7	棉花	130	43.4	18	2.4
2008	7	棉花	150	46.2	18	2.4
2008	8	棉花	10	26.0	21	9.0
2008	8	棉花	20	36.2	21	7.1
2008	8	棉花	30	41.6	21	5.4
2008	8	棉花	40	44.2	21	4.3
2008	8	棉花	50	43.9	21	3.7
2008	8	棉花	70	40.5	21	3.7
2008	8	棉花	90	41.5	21	3.2
2008	8	棉花	110	44.4	21	4.4
2008	8	棉花	130	43.6	21	2.6
2008	8	棉花	150	46.2	21	2.8
2008	9	棉花	10	18.8	18	12.4
2008	9	棉花	20	30.9	18	10.3
2008	9	棉花	30	37.6	18	7.5
2008	9	棉花	40	41.8	18	4.6
2008	9	棉花	50	43.3	18	2.7
2008	9	棉花	70	39.3	18	3.6
2008	9	棉花	90	38.6	18	3.8
2008	9	棉花	110	42.7	18	4.0
2008	9	棉花	130	42.3	18	1.5
2008	9	棉花	150	44.8	18	2.4
2008	10	棉花	10	21.8	18	7.8

（续）

年份	月份	作物名称	观测层次（cm）	体积含水量（%）	重复数	标准差
2008	10	棉花	20	33.7	18	3.7
2008	10	棉花	30	40.7	18	2.9
2008	10	棉花	40	43.1	18	3.0
2008	10	棉花	50	43.8	18	1.9
2008	10	棉花	70	40.4	18	2.7
2008	10	棉花	90	39.9	18	1.8
2008	10	棉花	110	43.7	18	4.2
2008	10	棉花	130	42.7	18	1.3
2008	10	棉花	150	45.2	18	2.5
2008	11	棉花	10	24.1	18	6.2
2008	11	棉花	20	33.6	18	3.7
2008	11	棉花	30	40.1	18	3.3
2008	11	棉花	40	43.6	18	3.6
2008	11	棉花	50	43.8	18	2.2
2008	11	棉花	70	40.4	18	3.3
2008	11	棉花	90	40.9	18	2.2
2008	11	棉花	110	44.7	18	4.4
2008	11	棉花	130	43.9	18	1.9
2008	11	棉花	150	46.6	18	2.1
2008	12	棉花	10	40.6	18	5.5
2008	12	棉花	20	41.9	18	3.6
2008	12	棉花	30	44.8	18	3.5
2008	12	棉花	40	46.4	18	3.0
2008	12	棉花	50	46.4	18	2.4
2008	12	棉花	70	42.7	18	2.3
2008	12	棉花	90	44.1	18	1.6
2008	12	棉花	110	46.6	18	4.4
2008	12	棉花	130	45.9	18	2.1
2008	12	棉花	150	48.9	18	2.6
2009	1	棉花	10	49.5	12	4.9
2009	1	棉花	20	47.8	12	5.1
2009	1	棉花	30	46.1	12	6.1
2009	1	棉花	40	43.8	12	5.6
2009	1	棉花	50	42.1	12	4.7
2009	1	棉花	70	40.2	12	3.4
2009	1	棉花	90	39.0	12	3.2
2009	1	棉花	110	41.0	12	5.9
2009	1	棉花	130	42.7	12	4.2

（续）

年份	月份	作物名称	观测层次（cm）	体积含水量（%）	重复数	标准差
2009	1	棉花	150	44.7	12	3.4
2009	2	棉花	10	48.1	10	4.6
2009	2	棉花	20	47.5	10	3.4
2009	2	棉花	30	46.9	10	2.7
2009	2	棉花	40	45.2	10	2.6
2009	2	棉花	50	42.8	10	2.8
2009	2	棉花	70	39.8	10	4.4
2009	2	棉花	90	38.6	10	4.0
2009	2	棉花	110	39.2	10	6.6
2009	2	棉花	130	40.5	10	4.1
2009	2	棉花	150	42.8	10	4.8
2009	3	棉花	10	38.3	12	11.0
2009	3	棉花	20	41.3	12	6.1
2009	3	棉花	30	44.4	12	2.5
2009	3	棉花	40	43.7	12	2.6
2009	3	棉花	50	44.1	12	2.2
2009	3	棉花	70	41.9	12	2.7
2009	3	棉花	90	45.5	12	3.8
2009	3	棉花	110	45.9	12	4.0
2009	3	棉花	130	47.9	12	3.1
2009	3	棉花	150	50.0	12	3.7
2009	4	棉花	10	28.7	10	9.2
2009	4	棉花	20	33.3	10	7.2
2009	4	棉花	30	37.9	10	5.4
2009	4	棉花	40	40.9	10	4.4
2009	4	棉花	50	42.3	10	2.1
2009	4	棉花	70	43.6	10	3.6
2009	4	棉花	90	42.7	10	2.2
2009	4	棉花	110	43.8	10	3.6
2009	4	棉花	130	44.2	10	2.8
2009	4	棉花	150	47.3	10	3.3
2009	5	棉花	10	24.3	12	2.2
2009	5	棉花	20	29.3	12	2.8
2009	5	棉花	30	34.3	12	3.6
2009	5	棉花	40	39.0	12	3.5
2009	5	棉花	50	42.0	12	2.9
2009	5	棉花	70	44.0	12	2.5
2009	5	棉花	90	41.5	12	3.3

（续）

年份	月份	作物名称	观测层次（cm）	体积含水量（%）	重复数	标准差
2009	5	棉花	110	40.9	12	2.5
2009	5	棉花	130	43.2	12	2.1
2009	5	棉花	150	45.0	12	2.2
2009	6	棉花	10	28.3	14	7.6
2009	6	棉花	20	33.1	14	5.8
2009	6	棉花	30	37.9	14	4.5
2009	6	棉花	40	41.1	14	3.0
2009	6	棉花	50	42.8	14	2.5
2009	6	棉花	70	43.5	14	2.6
2009	6	棉花	90	42.2	14	2.1
2009	6	棉花	110	40.9	14	2.4
2009	6	棉花	130	43.1	14	2.0
2009	6	棉花	150	45.1	14	1.8
2009	7	棉花	10	25.1	14	9.0
2009	7	棉花	20	28.6	14	8.0
2009	7	棉花	30	32.2	14	7.9
2009	7	棉花	40	37.7	14	5.2
2009	7	棉花	50	41.7	14	2.4
2009	7	棉花	70	43.5	14	2.1
2009	7	棉花	90	41.4	14	2.6
2009	7	棉花	110	40.5	14	2.7
2009	7	棉花	130	43.3	14	1.7
2009	7	棉花	150	45.2	14	2.3
2009	8	棉花	10	25.7	14	11.5
2009	8	棉花	20	31.3	14	8.4
2009	8	棉花	30	36.9	14	7.3
2009	8	棉花	40	41.3	14	4.1
2009	8	棉花	50	43.3	14	2.9
2009	8	棉花	70	43.8	14	2.0
2009	8	棉花	90	41.6	14	2.4
2009	8	棉花	110	40.7	14	3.3
2009	8	棉花	130	42.7	14	2.5
2009	8	棉花	150	44.6	14	2.4
2009	9	棉花	10	25.2	12	5.1
2009	9	棉花	20	29.7	12	4.1
2009	9	棉花	30	34.1	12	3.8
2009	9	棉花	40	38.9	12	3.7
2009	9	棉花	50	41.4	12	1.7

（续）

年份	月份	作物名称	观测层次（cm）	体积含水量（%）	重复数	标准差
2009	9	棉花	70	42.6	12	1.8
2009	9	棉花	90	39.6	12	1.7
2009	9	棉花	110	39.1	12	2.7
2009	9	棉花	130	41.4	12	1.9
2009	9	棉花	150	44.0	12	2.0
2009	10	棉花	10	23.1	12	3.8
2009	10	棉花	20	28.1	12	4.3
2009	10	棉花	30	33.1	12	4.8
2009	10	棉花	40	36.6	12	5.3
2009	10	棉花	50	41.4	12	2.9
2009	10	棉花	70	43.1	12	1.8
2009	10	棉花	90	37.7	12	2.0
2009	10	棉花	110	38.1	12	2.8
2009	10	棉花	130	41.0	12	1.9
2009	10	棉花	150	43.6	12	1.8
2009	11	棉花	10	51.7	12	13.9
2009	11	棉花	20	53.8	12	12.1
2009	11	棉花	30	55.8	12	10.8
2009	11	棉花	40	57.1	12	9.3
2009	11	棉花	50	59.5	12	7.8
2009	11	棉花	70	61.2	12	7.8
2009	11	棉花	90	59.8	12	8.8
2009	11	棉花	110	58.5	12	8.5
2009	11	棉花	130	60.9	12	7.9
2009	11	棉花	150	64.3	12	8.8
2009	12	棉花	10	39.8	12	4.4
2009	12	棉花	20	39.7	12	3.6
2009	12	棉花	30	39.5	12	5.3
2009	12	棉花	40	41.4	12	3.9
2009	12	棉花	50	44.5	12	2.6
2009	12	棉花	70	46.2	12	3.9
2009	12	棉花	90	44.9	12	3.8
2009	12	棉花	110	44.2	12	3.6
2009	12	棉花	130	45.9	12	2.7
2009	12	棉花	150	48.3	12	3.3
2010	1	棉花	10	42.0	12	2.7
2010	1	棉花	20	41.8	12	2.5
2010	1	棉花	30	41.7	12	5.8

（续）

年份	月份	作物名称	观测层次（cm）	体积含水量（%）	重复数	标准差
2010	1	棉花	40	39.2	12	6.1
2010	1	棉花	50	38.2	12	2.6
2010	1	棉花	70	39.8	12	3.1
2010	1	棉花	90	37.1	12	2.6
2010	1	棉花	110	37.3	12	2.4
2010	1	棉花	130	38.5	12	2.2
2010	1	棉花	150	40.6	12	1.8
2010	2	棉花	10	45.2	12	4.4
2010	2	棉花	20	44.9	12	3.1
2010	2	棉花	30	44.6	12	4.8
2010	2	棉花	40	47.9	12	6.0
2010	2	棉花	50	41.7	12	2.9
2010	2	棉花	70	41.5	12	2.4
2010	2	棉花	90	38.9	12	2.6
2010	2	棉花	110	38.6	12	2.4
2010	2	棉花	130	39.4	12	2.3
2010	2	棉花	150	42.0	12	2.6
2010	3	棉花	10	34.2	10	7.2
2010	3	棉花	20	39.2	10	6.0
2010	3	棉花	30	44.1	10	6.1
2010	3	棉花	40	44.6	10	6.9
2010	3	棉花	50	43.6	10	6.4
2010	3	棉花	70	44.9	10	7.0
2010	3	棉花	90	43.4	10	6.7
2010	3	棉花	110	44.9	10	6.0
2010	3	棉花	130	43.7	10	6.7
2010	3	棉花	150	46.1	10	6.9
2010	4	棉花	10	28.1	10	5.3
2010	4	棉花	20	31.5	10	3.9
2010	4	棉花	30	34.9	10	4.6
2010	4	棉花	40	37.8	10	4.6
2010	4	棉花	50	39.2	10	4.0
2010	4	棉花	70	41.2	10	4.9
2010	4	棉花	90	40.2	10	4.9
2010	4	棉花	110	40.6	10	4.8
2010	4	棉花	130	40.1	10	4.6
2010	4	棉花	150	41.6	10	5.3
2010	5	棉花	10	28.6	12	2.8

（续）

年份	月份	作物名称	观测层次（cm）	体积含水量（%）	重复数	标准差
2010	5	棉花	20	29.0	12	2.9
2010	5	棉花	30	29.5	12	3.1
2010	5	棉花	40	31.7	12	2.6
2010	5	棉花	50	33.8	12	1.9
2010	5	棉花	70	34.6	12	1.2
2010	5	棉花	90	33.1	12	1.8
2010	5	棉花	110	32.8	12	1.8
2010	5	棉花	130	33.7	12	1.4
2010	5	棉花	150	35.0	12	0.7
2010	6	棉花	10	31.2	12	5.7
2010	6	棉花	20	30.5	12	4.9
2010	6	棉花	30	29.8	12	4.3
2010	6	棉花	40	32.4	12	2.9
2010	6	棉花	50	33.2	12	4.0
2010	6	棉花	70	31.7	12	5.7
2010	6	棉花	90	34.3	12	5.5
2010	6	棉花	110	36.9	12	6.4
2010	6	棉花	130	38.9	12	6.4
2010	6	棉花	150	40.0	12	6.7
2010	7	棉花	10	33.4	12	9.7
2010	7	棉花	20	36.5	12	8.5
2010	7	棉花	30	39.5	12	8.8
2010	7	棉花	40	41.1	12	6.8
2010	7	棉花	50	42.6	12	4.4
2010	7	棉花	70	43.3	12	4.1
2010	7	棉花	90	44.7	12	4.7
2010	7	棉花	110	44.9	12	4.2
2010	7	棉花	130	46.5	12	5.0
2010	7	棉花	150	47.1	12	4.7
2010	8	棉花	10	33.1	12	8.4
2010	8	棉花	20	35.5	12	7.4
2010	8	棉花	30	37.9	12	7.0
2010	8	棉花	40	39.8	12	6.9
2010	8	棉花	50	40.9	12	5.5
2010	8	棉花	70	41.3	12	5.4
2010	8	棉花	90	42.1	12	5.9
2010	8	棉花	110	42.3	12	5.5
2010	8	棉花	130	44.1	12	5.6

（续）

年份	月份	作物名称	观测层次（cm）	体积含水量（%）	重复数	标准差
2010	8	棉花	150	44.9	12	5.7
2010	9	棉花	10	34.0	12	8.0
2010	9	棉花	20	36.2	12	7.3
2010	9	棉花	30	38.5	12	7.3
2010	9	棉花	40	40.5	12	6.6
2010	9	棉花	50	41.5	12	6.0
2010	9	棉花	70	41.4	12	5.6
2010	9	棉花	90	42.4	12	6.6
2010	9	棉花	110	43.1	12	6.3
2010	9	棉花	130	44.9	12	6.7
2010	9	棉花	150	45.6	12	6.3
2010	10	棉花	10	32.9	12	9.5
2010	10	棉花	20	35.2	12	7.8
2010	10	棉花	30	37.5	12	6.4
2010	10	棉花	40	39.3	12	5.8
2010	10	棉花	50	41.3	12	3.6
2010	10	棉花	70	41.6	12	3.2
2010	10	棉花	90	42.4	12	4.4
2010	10	棉花	110	42.7	12	3.8
2010	10	棉花	130	45.1	12	4.4
2010	10	棉花	150	45.7	12	3.8
2010	11	棉花	10	35.0	10	6.9
2010	11	棉花	20	37.0	10	5.9
2010	11	棉花	30	39.0	10	5.2
2010	11	棉花	40	40.2	10	3.8
2010	11	棉花	50	41.5	10	2.3
2010	11	棉花	70	41.5	10	2.5
2010	11	棉花	90	41.6	10	3.4
2010	11	棉花	110	44.2	10	2.9
2010	11	棉花	130	44.9	10	3.2
2010	11	棉花	150	45.1	10	2.9
2010	12	棉花	10	34.4	12	9.3
2010	12	棉花	20	34.8	12	6.6
2010	12	棉花	30	35.1	12	5.0
2010	12	棉花	40	36.9	12	4.5
2010	12	棉花	50	39.5	12	2.7
2010	12	棉花	70	40.7	12	1.6
2010	12	棉花	90	41.3	12	2.1

（续）

年份	月份	作物名称	观测层次（cm）	体积含水量（%）	重复数	标准差
2010	12	棉花	110	42.2	12	2.9
2010	12	棉花	130	43.3	12	3.0
2010	12	棉花	150	45.7	12	1.6
2011	1	棉花	10	40.9	12	1.6
2011	1	棉花	20	41.4	12	1.9
2011	1	棉花	30	42.0	12	3.0
2011	1	棉花	40	42.6	12	2.4
2011	1	棉花	50	45.2	12	4.8
2011	1	棉花	70	40.8	12	2.0
2011	1	棉花	90	37.8	12	2.6
2011	1	棉花	110	38.5	12	2.1
2011	1	棉花	130	42.3	12	1.5
2011	1	棉花	150	43.0	12	0.7
2011	2	棉花	10	40.1	12	3.2
2011	2	棉花	20	41.8	12	3.6
2011	2	棉花	30	43.6	12	4.5
2011	2	棉花	40	45.0	12	5.6
2011	2	棉花	50	50.4	12	6.4
2011	2	棉花	70	44.6	12	2.8
2011	2	棉花	90	39.5	12	3.7
2011	2	棉花	110	38.7	12	4.2
2011	2	棉花	130	42.9	12	4.2
2011	2	棉花	150	43.8	12	3.8
2011	3	棉花	10	43.2	5	2.1
2011	3	棉花	20	43.4	5	1.3
2011	3	棉花	30	43.7	5	2.1
2011	3	棉花	40	44.9	5	2.5
2011	3	棉花	50	44.2	5	2.0
2011	3	棉花	70	40.3	5	1.3
2011	3	棉花	90	38.6	5	1.4
2011	3	棉花	110	38.9	5	3.1
2011	3	棉花	130	39.6	5	2.3
2011	3	棉花	150	40.3	5	2.6
2011	4	棉花	10	35.9	6	5.6
2011	4	棉花	20	40.3	6	3.4
2011	4	棉花	30	44.7	6	2.0
2011	4	棉花	40	45.6	6	2.5
2011	4	棉花	50	47.4	6	1.2

（续）

年份	月份	作物名称	观测层次（cm）	体积含水量（%）	重复数	标准差
2011	4	棉花	70	44.3	6	0.5
2011	4	棉花	90	43.8	6	1.2
2011	4	棉花	110	43.3	6	1.1
2011	4	棉花	130	45.0	6	0.7
2011	4	棉花	150	44.6	6	4.8
2011	5	棉花	10	27.3	12	1.9
2011	5	棉花	20	30.7	12	1.8
2011	5	棉花	30	34.1	12	2.3
2011	5	棉花	40	38.5	12	1.3
2011	5	棉花	50	39.8	12	1.0
2011	5	棉花	70	39.1	12	1.3
2011	5	棉花	90	40.2	12	0.9
2011	5	棉花	110	41.6	12	2.0
2011	5	棉花	130	39.9	12	2.8
2011	5	棉花	150	50.3	12	10.1
2011	6	棉花	10	26.7	12	1.8
2011	6	棉花	20	29.6	12	1.6
2011	6	棉花	30	32.5	12	2.5
2011	6	棉花	40	36.4	12	1.7
2011	6	棉花	50	37.7	12	1.3
2011	6	棉花	70	37.2	12	1.6
2011	6	棉花	90	38.5	12	1.4
2011	6	棉花	110	38.5	12	2.4
2011	6	棉花	130	37.8	12	1.9
2011	6	棉花	150	42.5	12	8.6
2011	7	棉花	10	33.1	12	5.1
2011	7	棉花	20	36.7	12	3.5
2011	7	棉花	30	40.4	12	3.7
2011	7	棉花	40	42.0	12	3.1
2011	7	棉花	50	42.1	12	3.4
2011	7	棉花	70	41.2	12	2.8
2011	7	棉花	90	43.4	12	4.5
2011	7	棉花	110	41.4	12	5.1
2011	7	棉花	130	41.6	12	5.1
2011	7	棉花	150	48.2	12	4.9
2011	8	棉花	10	34.3	12	3.7
2011	8	棉花	20	36.4	12	3.9
2011	8	棉花	30	38.5	12	4.8

（续）

年份	月份	作物名称	观测层次（cm）	体积含水量（%）	重复数	标准差
2011	8	棉花	40	40.9	12	2.4
2011	8	棉花	50	41.6	12	2.6
2011	8	棉花	70	42.0	12	1.3
2011	8	棉花	90	43.3	12	1.2
2011	8	棉花	110	40.9	12	3.9
2011	8	棉花	130	40.7	12	5.7
2011	8	棉花	150	49.2	12	1.9
2011	9	棉花	10	28.0	12	3.3
2011	9	棉花	20	32.2	12	3.6
2011	9	棉花	30	36.4	12	4.5
2011	9	棉花	40	40.0	12	3.9
2011	9	棉花	50	41.7	12	3.9
2011	9	棉花	70	50.5	12	34.3
2011	9	棉花	90	42.4	12	4.3
2011	9	棉花	110	40.9	12	5.6
2011	9	棉花	130	39.1	12	5.3
2011	9	棉花	150	46.9	12	5.3
2011	10	棉花	10	25.8	10	1.0
2011	10	棉花	20	29.2	10	1.1
2011	10	棉花	30	32.7	10	1.5
2011	10	棉花	40	36.8	10	2.6
2011	10	棉花	50	39.0	10	2.3
2011	10	棉花	70	38.4	10	3.7
2011	10	棉花	90	37.2	10	2.5
2011	10	棉花	110	37.3	10	5.0
2011	10	棉花	130	53.3	10	53.1
2011	10	棉花	150	41.3	10	2.6
2011	11	棉花	10	33.0	10	6.3
2011	11	棉花	20	36.5	10	6.0
2011	11	棉花	30	40.1	10	5.9
2011	11	棉花	40	43.6	10	5.6
2011	11	棉花	50	44.7	10	4.1
2011	11	棉花	70	43.5	10	4.9
2011	11	棉花	90	42.8	10	4.9
2011	11	棉花	110	42.0	10	5.9
2011	11	棉花	130	40.9	10	5.0
2011	11	棉花	150	47.5	10	4.7
2012	7	棉花	10	34.7	12	4.4

（续）

年份	月份	作物名称	观测层次（cm）	体积含水量（%）	重复数	标准差
2012	7	棉花	20	36.2	12	3.6
2012	7	棉花	30	41.5	12	4.1
2012	7	棉花	40	43.0	12	3.3
2012	7	棉花	50	43.9	12	2.8
2012	7	棉花	70	42.5	12	2.2
2012	7	棉花	90	40.9	12	2.2
2012	7	棉花	110	39.8	12	2.0
2012	7	棉花	130	40.4	12	1.7
2012	7	棉花	150	41.9	12	1.5
2012	8	棉花	10	31.1	12	6.3
2012	8	棉花	20	33.1	12	5.4
2012	8	棉花	30	37.1	12	5.3
2012	8	棉花	40	39.0	12	5.7
2012	8	棉花	50	40.6	12	4.1
2012	8	棉花	70	42.9	12	3.5
2012	8	棉花	90	42.5	12	5.0
2012	8	棉花	110	42.6	12	4.6
2012	8	棉花	130	44.7	12	4.8
2012	8	棉花	150	45.8	12	4.8
2012	9	棉花	10	27.6	12	3.9
2012	9	棉花	20	31.8	12	3.6
2012	9	棉花	30	35.1	12	3.7
2012	9	棉花	40	38.5	12	4.1
2012	9	棉花	50	41.5	12	4.3
2012	9	棉花	70	40.3	12	2.0
2012	9	棉花	90	38.9	12	3.6
2012	9	棉花	110	40.9	12	2.7
2012	9	棉花	130	42.8	12	2.6
2012	9	棉花	150	43.9	12	1.9
2012	10	棉花	10	30.1	12	7.0
2012	10	棉花	20	35.3	12	4.5
2012	10	棉花	30	38.7	12	5.0
2012	10	棉花	40	42.2	12	5.4
2012	10	棉花	50	44.2	12	6.3
2012	10	棉花	70	44.6	12	6.5
2012	10	棉花	90	42.6	12	4.5
2012	10	棉花	110	43.8	12	3.6
2012	10	棉花	130	46.3	12	4.9

（续）

年份	月份	作物名称	观测层次（cm）	体积含水量（%）	重复数	标准差
2012	10	棉花	150	47.9	12	5.3
2014	4	棉花	10	20.4	12	13.4
2014	4	棉花	20	25.3	12	9.9
2014	4	棉花	30	32.0	12	9.6
2014	4	棉花	40	36.5	12	8.4
2014	4	棉花	50	39.5	12	7.1
2014	4	棉花	70	40.5	12	6.4
2014	4	棉花	90	39.4	12	5.5
2014	4	棉花	110	40.3	12	7.8
2014	4	棉花	130	41.9	12	9.6
2014	4	棉花	150	43.2	12	9.7
2014	5	棉花	10	19.6	12	11.2
2014	5	棉花	20	23.3	12	10.5
2014	5	棉花	30	26.3	12	9.9
2014	5	棉花	40	29.8	12	8.2
2014	5	棉花	50	32.9	12	7.7
2014	5	棉花	70	34.7	12	6.1
2014	5	棉花	90	34.4	12	5.9
2014	5	棉花	110	33.7	12	6.3
2014	5	棉花	130	34.0	12	7.5
2014	5	棉花	150	34.8	12	7.4
2014	6	棉花	10	5.8	12	2.2
2014	6	棉花	20	16.5	12	3.0
2014	6	棉花	30	23.2	12	3.7
2014	6	棉花	40	28.7	12	4.4
2014	6	棉花	50	32.3	12	3.9
2014	6	棉花	70	33.7	12	3.9
2014	6	棉花	90	32.1	12	4.1
2014	6	棉花	110	31.5	12	4.8
2014	6	棉花	130	30.8	12	7.1
2014	6	棉花	150	32.0	12	5.1
2014	7	棉花	10	13.2	12	10.4
2014	7	棉花	20	21.1	12	8.3
2014	7	棉花	30	29.1	12	6.9
2014	7	棉花	40	35.9	12	5.1
2014	7	棉花	50	39.8	12	4.3
2014	7	棉花	70	42.1	12	3.7
2014	7	棉花	90	42.0	12	3.6

（续）

年份	月份	作物名称	观测层次（cm）	体积含水量（%）	重复数	标准差
2014	7	棉花	110	39.8	12	4.0
2014	7	棉花	130	42.3	12	5.5
2014	7	棉花	150	44.4	12	5.5
2014	8	棉花	10	32.5	12	8.3
2014	8	棉花	20	35.2	12	5.4
2014	8	棉花	30	37.8	12	3.4
2014	8	棉花	40	42.7	12	1.9
2014	8	棉花	50	44.4	12	1.9
2014	8	棉花	70	44.5	12	3.4
2014	8	棉花	90	43.4	12	2.0
2014	8	棉花	110	43.9	12	2.2
2014	8	棉花	130	45.7	12	1.8
2014	8	棉花	150	47.8	12	2.9
2014	9	棉花	10	18.4	12	1.4
2014	9	棉花	20	24.8	12	1.3
2014	9	棉花	30	31.2	12	3.1
2014	9	棉花	40	39.7	12	1.8
2014	9	棉花	50	41.2	12	1.6
2014	9	棉花	70	39.1	12	5.3
2014	9	棉花	90	39.8	12	4.5
2014	9	棉花	110	41.4	12	2.8
2014	9	棉花	130	42.7	12	1.4
2014	9	棉花	150	44.5	12	2.4
2014	10	棉花	10	19.2	12	1.5
2014	10	棉花	20	25.3	12	1.6
2014	10	棉花	30	31.5	12	2.8
2014	10	棉花	40	38.9	12	1.9
2014	10	棉花	50	40.9	12	1.9
2014	10	棉花	70	38.8	12	4.2
2014	10	棉花	90	38.6	12	3.7
2014	10	棉花	110	40.8	12	3.5
2014	10	棉花	130	41.9	12	1.6
2014	10	棉花	150	43.8	12	1.5
2015	4	棉花	10	25.5	12	6.7
2015	4	棉花	20	35.4	12	3.2
2015	4	棉花	30	42.5	12	2.7
2015	4	棉花	40	41.1	12	3.2
2015	4	棉花	50	38.5	12	5.6

（续）

年份	月份	作物名称	观测层次（cm）	体积含水量（%）	重复数	标准差
2015	4	棉花	70	47.8	12	3.0
2015	4	棉花	90	47.3	12	2.7
2015	4	棉花	110	46.2	12	2.7
2015	4	棉花	130	49.3	12	2.6
2015	4	棉花	150	51.3	12	4.0
2015	5	棉花	10	25.3	12	4.5
2015	5	棉花	20	35.7	12	4.0
2015	5	棉花	30	42.1	12	2.9
2015	5	棉花	40	41.1	12	2.4
2015	5	棉花	50	38.2	12	5.6
2015	5	棉花	70	48.0	12	2.8
2015	5	棉花	90	46.5	12	3.5
2015	5	棉花	110	46.7	12	2.1
2015	5	棉花	130	48.2	12	2.6
2015	5	棉花	150	50.6	12	2.4
2015	6	棉花	10	27.4	12	6.9
2015	6	棉花	20	36.9	12	3.8
2015	6	棉花	30	43.2	12	2.2
2015	6	棉花	40	40.9	12	2.2
2015	6	棉花	50	38.2	12	6.5
2015	6	棉花	70	46.5	12	2.4
2015	6	棉花	90	45.4	12	1.9
2015	6	棉花	110	46.2	12	1.7
2015	6	棉花	130	48.7	12	3.3
2015	6	棉花	150	50.5	12	3.0
2015	7	棉花	10	27.1	12	4.8
2015	7	棉花	20	35.2	12	3.7
2015	7	棉花	30	40.0	12	1.9
2015	7	棉花	40	40.8	12	2.9
2015	7	棉花	50	38.9	12	3.4
2015	7	棉花	70	45.5	12	2.1
2015	7	棉花	90	44.9	12	1.8
2015	7	棉花	110	44.6	12	2.5
2015	7	棉花	130	46.7	12	3.3
2015	7	棉花	150	48.7	12	3.1
2015	8	棉花	10	25.2	12	6.6
2015	8	棉花	20	34.1	12	4.4
2015	8	棉花	30	39.9	12	2.3

（续）

年份	月份	作物名称	观测层次（cm）	体积含水量（%）	重复数	标准差
2015	8	棉花	40	40.5	12	2.8
2015	8	棉花	50	38.9	12	4.3
2015	8	棉花	70	46.5	12	2.6
2015	8	棉花	90	45.8	12	2.0
2015	8	棉花	110	45.2	12	3.0
2015	8	棉花	130	48.1	12	3.3
2015	8	棉花	150	49.9	12	2.9
2015	9	棉花	10	23.4	12	8.4
2015	9	棉花	20	31.3	12	9.2
2015	9	棉花	30	36.9	12	6.3
2015	9	棉花	40	37.5	12	5.6
2015	9	棉花	50	36.0	12	7.2
2015	9	棉花	70	41.8	12	6.0
2015	9	棉花	90	42.1	12	5.9
2015	9	棉花	110	41.1	12	6.4
2015	9	棉花	130	42.5	12	7.0
2015	9	棉花	150	45.0	12	7.0
2015	10	棉花	10	21.8	12	4.7
2015	10	棉花	20	28.7	12	6.0
2015	10	棉花	30	35.5	12	9.1
2015	10	棉花	40	37.9	12	8.6
2015	10	棉花	50	38.6	12	8.0
2015	10	棉花	70	43.8	12	4.6
2015	10	棉花	90	43.1	12	3.1
2015	10	棉花	110	47.5	12	4.4
2015	10	棉花	130	49.0	12	3.1
2015	10	棉花	150	50.4	12	4.3

表 3-81 气象要素观测场中子管采样地土壤体积含水量

年份	月份	作物名称	观测层次（cm）	体积含水量（%）	重复数	标准差
2008	1	无植被	10	30.8	12	2.9
2008	1	无植被	20	44.1	12	4.8
2008	1	无植被	30	38.1	12	7.8
2008	1	无植被	40	32.6	10	1.9
2008	1	无植被	50	39.1	12	7.4
2008	1	无植被	70	41.2	12	3.1

（续）

年份	月份	作物名称	观测层次（cm）	体积含水量（%）	重复数	标准差
2008	1	无植被	90	41.3	12	3.2
2008	1	无植被	110	41.8	12	2.6
2008	1	无植被	130	45.7	12	2.4
2008	1	无植被	150	48.4	12	2.4
2008	2	无植被	10	27.9	12	4.0
2008	2	无植被	20	42.8	12	2.5
2008	2	无植被	30	43.6	12	1.6
2008	2	无植被	40	41.1	12	2.1
2008	2	无植被	50	35.6	12	2.8
2008	2	无植被	70	36.6	12	1.2
2008	2	无植被	90	37.0	12	1.8
2008	2	无植被	110	36.5	12	1.8
2008	2	无植被	130	40.4	12	2.2
2008	2	无植被	150	43.7	12	1.8
2008	3	无植被	10	29.9	12	4.9
2008	3	无植被	20	35.3	12	1.5
2008	3	无植被	30	40.1	12	1.6
2008	3	无植被	40	40.7	12	1.1
2008	3	无植被	50	39.6	12	2.5
2008	3	无植被	70	42.3	12	4.0
2008	3	无植被	90	43.6	12	4.8
2008	3	无植被	110	43.0	12	3.9
2008	3	无植被	130	49.2	12	4.2
2008	3	无植被	150	51.4	12	3.2
2008	4	无植被	10	20.7	12	2.8
2008	4	无植被	20	29.6	12	2.9
2008	4	无植被	30	34.3	12	1.4
2008	4	无植被	40	36.6	12	1.2
2008	4	无植被	50	37.5	12	1.4
2008	4	无植被	70	38.9	12	1.0
2008	4	无植被	90	39.3	12	1.1
2008	4	无植被	110	39.1	12	0.9
2008	4	无植被	130	43.1	12	2.7
2008	4	无植被	150	47.5	12	2.6
2008	5	无植被	10	19.4	12	1.7
2008	5	无植被	20	28.9	12	0.9
2008	5	无植被	30	31.7	12	1.2
2008	5	无植被	40	33.0	12	1.5

（续）

年份	月份	作物名称	观测层次（cm）	体积含水量（%）	重复数	标准差
2008	5	无植被	50	35.2	12	2.4
2008	5	无植被	70	38.0	12	0.6
2008	5	无植被	90	38.0	12	1.0
2008	5	无植被	110	38.2	12	1.1
2008	5	无植被	130	41.7	12	1.9
2008	5	无植被	150	45.2	12	1.5
2008	6	无植被	10	18.7	12	3.4
2008	6	无植被	20	26.6	12	2.3
2008	6	无植被	30	30.5	12	1.6
2008	6	无植被	40	31.8	12	2.8
2008	6	无植被	50	34.5	12	3.0
2008	6	无植被	70	36.6	12	0.8
2008	6	无植被	90	36.5	12	0.9
2008	6	无植被	110	36.8	12	1.1
2008	6	无植被	130	40.1	12	2.3
2008	6	无植被	150	42.8	12	1.0
2008	7	无植被	10	13.6	12	2.7
2008	7	无植被	20	23.7	12	2.9
2008	7	无植被	30	29.0	12	1.8
2008	7	无植被	40	31.5	12	2.6
2008	7	无植被	50	34.4	12	4.3
2008	7	无植被	70	40.0	12	2.1
2008	7	无植被	90	39.9	12	2.1
2008	7	无植被	110	39.3	12	2.0
2008	7	无植被	130	42.0	12	3.2
2008	7	无植被	150	45.4	12	2.6
2008	8	无植被	10	14.3	12	1.5
2008	8	无植被	20	24.2	12	1.2
2008	8	无植被	30	29.0	12	1.6
2008	8	无植被	40	32.1	12	2.6
2008	8	无植被	50	35.1	12	4.1
2008	8	无植被	70	40.1	12	1.8
2008	8	无植被	90	40.3	12	1.6
2008	8	无植被	110	39.6	12	2.2
2008	8	无植被	130	41.8	12	2.2
2008	8	无植被	150	46.1	12	2.2
2008	9	无植被	10	13.9	12	1.1
2008	9	无植被	20	23.8	12	0.8

（续）

年份	月份	作物名称	观测层次（cm）	体积含水量（%）	重复数	标准差
2008	9	无植被	30	29.0	12	1.3
2008	9	无植被	40	31.3	12	1.7
2008	9	无植被	50	34.5	12	3.3
2008	9	无植被	70	40.5	12	1.2
2008	9	无植被	90	40.6	12	1.0
2008	9	无植被	110	40.3	12	1.0
2008	9	无植被	130	41.5	12	1.4
2008	9	无植被	150	45.3	12	1.8
2008	10	无植被	10	13.8	12	1.9
2008	10	无植被	20	24.3	12	2.3
2008	10	无植被	30	28.4	12	3.8
2008	10	无植被	40	31.7	12	0.8
2008	10	无植被	50	35.6	12	2.8
2008	10	无植被	70	40.8	12	1.3
2008	10	无植被	90	40.6	12	1.0
2008	10	无植被	110	39.9	12	1.2
2008	10	无植被	130	41.6	12	0.7
2008	10	无植被	150	45.0	12	1.5
2008	11	无植被	10	13.9	12	2.8
2008	11	无植被	20	24.7	12	2.1
2008	11	无植被	30	29.8	12	2.3
2008	11	无植被	40	31.8	12	1.5
2008	11	无植被	50	35.6	12	1.9
2008	11	无植被	70	41.3	12	1.6
2008	11	无植被	90	41.5	12	1.1
2008	11	无植被	110	40.6	12	1.6
2008	11	无植被	130	42.7	12	1.2
2008	11	无植被	150	48.3	12	2.2
2008	12	无植被	10	14.8	12	3.5
2008	12	无植被	20	25.5	12	3.4
2008	12	无植被	30	30.8	12	2.9
2008	12	无植被	40	32.9	12	1.7
2008	12	无植被	50	35.6	12	1.7
2008	12	无植被	70	42.0	12	2.2
2008	12	无植被	90	42.0	12	2.0
2008	12	无植被	110	41.3	12	2.0
2008	12	无植被	130	44.3	12	1.9
2008	12	无植被	150	50.0	12	2.0

（续）

年份	月份	作物名称	观测层次（cm）	体积含水量（%）	重复数	标准差
2009	1	无植被	10	22.2	12	2.8
2009	1	无植被	20	26.0	12	2.9
2009	1	无植被	30	29.7	12	3.2
2009	1	无植被	40	31.7	12	1.8
2009	1	无植被	50	34.8	12	2.0
2009	1	无植被	70	39.7	12	2.6
2009	1	无植被	90	39.9	12	1.6
2009	1	无植被	110	39.3	12	1.8
2009	1	无植被	130	41.3	12	2.0
2009	1	无植被	150	46.2	12	1.4
2009	2	无植被	10	21.2	12	1.5
2009	2	无植被	20	25.0	12	1.5
2009	2	无植被	30	28.8	12	1.9
2009	2	无植被	40	31.4	12	1.7
2009	2	无植被	50	33.9	12	2.4
2009	2	无植被	70	38.7	12	2.6
2009	2	无植被	90	39.1	12	1.9
2009	2	无植被	110	38.4	12	2.3
2009	2	无植被	130	39.8	12	1.9
2009	2	无植被	150	44.2	12	3.4
2009	3	无植被	10	21.0	12	1.1
2009	3	无植被	20	25.3	12	1.1
2009	3	无植被	30	29.6	12	1.3
2009	3	无植被	40	32.4	12	0.9
2009	3	无植被	50	34.6	12	2.5
2009	3	无植被	70	39.6	12	1.3
2009	3	无植被	90	41.4	12	1.0
2009	3	无植被	110	40.8	12	1.2
2009	3	无植被	130	45.1	12	3.0
2009	3	无植被	150	51.6	12	2.7
2009	4	无植被	10	20.0	12	0.9
2009	4	无植被	20	25.1	12	0.8
2009	4	无植被	30	30.2	12	1.1
2009	4	无植被	40	32.8	12	1.2
2009	4	无植被	50	35.8	12	3.5
2009	4	无植被	70	40.9	12	1.9
2009	4	无植被	90	41.8	12	1.5
2009	4	无植被	110	41.2	12	2.1

（续）

年份	月份	作物名称	观测层次（cm）	体积含水量（%）	重复数	标准差
2009	4	无植被	130	43.4	12	1.7
2009	4	无植被	150	48.5	12	2.6
2009	5	无植被	10	19.1	12	1.1
2009	5	无植被	20	24.6	12	1.4
2009	5	无植被	30	30.0	12	2.2
2009	5	无植被	40	31.9	12	2.2
2009	5	无植被	50	34.7	12	3.4
2009	5	无植被	70	40.0	12	2.0
2009	5	无植被	90	40.4	12	2.1
2009	5	无植被	110	39.3	12	1.6
2009	5	无植被	130	42.3	12	2.9
2009	5	无植被	150	46.1	12	3.5
2009	6	无植被	10	18.9	12	2.1
2009	6	无植被	20	23.8	12	1.5
2009	6	无植被	30	28.8	12	1.4
2009	6	无植被	40	30.4	12	1.5
2009	6	无植被	50	33.7	12	3.4
2009	6	无植被	70	38.7	12	0.9
2009	6	无植被	90	39.3	12	1.3
2009	6	无植被	110	38.3	12	1.1
2009	6	无植被	130	40.0	12	1.3
2009	6	无植被	150	43.5	12	1.7
2009	7	无植被	10	22.6	12	5.0
2009	7	无植被	20	26.3	12	3.3
2009	7	无植被	30	29.9	12	1.8
2009	7	无植被	40	33.7	12	2.8
2009	7	无植被	50	37.0	12	3.1
2009	7	无植被	70	40.1	12	1.6
2009	7	无植被	90	39.5	12	1.3
2009	7	无植被	110	39.2	12	1.4
2009	7	无植被	130	41.1	12	2.1
2009	7	无植被	150	44.1	12	1.8
2009	8	无植被	10	19.8	12	1.9
2009	8	无植被	20	24.2	12	1.7
2009	8	无植被	30	28.7	12	1.6
2009	8	无植被	40	30.5	12	1.1
2009	8	无植被	50	34.5	12	3.0
2009	8	无植被	70	39.2	12	0.9

（续）

年份	月份	作物名称	观测层次（cm）	体积含水量（%）	重复数	标准差
2009	8	无植被	90	39.1	12	1.7
2009	8	无植被	110	38.3	12	0.9
2009	8	无植被	130	39.7	12	1.3
2009	8	无植被	150	43.5	12	2.2
2009	9	无植被	10	21.1	12	5.8
2009	9	无植被	20	24.9	12	4.6
2009	9	无植被	30	28.6	12	3.5
2009	9	无植被	40	31.1	12	2.3
2009	9	无植被	50	34.8	12	2.6
2009	9	无植被	70	39.3	12	1.3
2009	9	无植被	90	39.9	12	1.7
2009	9	无植被	110	39.7	12	2.3
2009	9	无植被	130	40.1	12	1.9
2009	9	无植被	150	43.9	12	2.2
2009	10	无植被	10	20.0	12	2.3
2009	10	无植被	20	24.3	12	2.0
2009	10	无植被	30	28.6	12	1.9
2009	10	无植被	40	30.3	12	0.7
2009	10	无植被	50	34.2	12	2.7
2009	10	无植被	70	39.2	12	1.1
2009	10	无植被	90	38.8	12	1.2
2009	10	无植被	110	39.0	12	3.8
2009	10	无植被	130	39.6	12	1.1
2009	10	无植被	150	42.6	12	1.5
2009	11	无植被	10	24.1	12	4.4
2009	11	无植被	20	30.1	12	4.7
2009	11	无植被	30	36.1	12	5.4
2009	11	无植被	40	39.3	12	5.6
2009	11	无植被	50	43.0	12	6.5
2009	11	无植被	70	48.2	12	8.6
2009	11	无植被	90	51.2	12	8.1
2009	11	无植被	110	49.4	12	7.8
2009	11	无植被	130	54.1	12	8.4
2009	11	无植被	150	61.2	12	9.4
2009	12	无植被	10	18.2	12	1.7
2009	12	无植被	20	24.8	12	1.8
2009	12	无植被	30	31.5	12	2.3
2009	12	无植被	40	33.4	12	2.0

（续）

年份	月份	作物名称	观测层次（cm）	体积含水量（%）	重复数	标准差
2009	12	无植被	50	36.8	12	3.3
2009	12	无植被	70	41.7	12	2.8
2009	12	无植被	90	42.8	12	3.2
2009	12	无植被	110	41.5	12	2.7
2009	12	无植被	130	44.3	12	3.0
2009	12	无植被	150	49.5	12	4.0
2010	1	无植被	10	23.2	12	1.2
2010	1	无植被	20	25.8	12	1.8
2010	1	无植被	30	28.4	12	2.7
2010	1	无植被	40	29.2	12	3.1
2010	1	无植被	50	32.1	12	2.9
2010	1	无植被	70	36.3	12	2.5
2010	1	无植被	90	36.4	12	2.3
2010	1	无植被	110	35.6	12	2.5
2010	1	无植被	130	37.4	12	2.3
2010	1	无植被	150	41.8	12	2.8
2010	2	无植被	10	23.3	12	2.1
2010	2	无植被	20	26.1	12	2.1
2010	2	无植被	30	28.9	12	2.3
2010	2	无植被	40	31.6	12	1.7
2010	2	无植被	50	33.6	12	2.9
2010	2	无植被	70	37.8	12	2.4
2010	2	无植被	90	37.5	12	2.3
2010	2	无植被	110	36.9	12	1.9
2010	2	无植被	130	38.2	12	2.1
2010	2	无植被	150	42.0	12	2.4
2010	3	无植被	10	22.7	12	1.1
2010	3	无植被	20	26.4	12	1.0
2010	3	无植被	30	30.0	12	1.2
2010	3	无植被	40	32.8	12	0.8
2010	3	无植被	50	35.3	12	2.4
2010	3	无植被	70	40.3	12	1.5
2010	3	无植被	90	42.3	12	2.9
2010	3	无植被	110	41.8	12	4.0
2010	3	无植被	130	45.2	12	3.6
2010	3	无植被	150	49.8	12	4.2
2010	4	无植被	10	22.8	12	1.1
2010	4	无植被	20	26.6	12	1.2

（续）

年份	月份	作物名称	观测层次（cm）	体积含水量（%）	重复数	标准差
2010	4	无植被	30	30.4	12	1.8
2010	4	无植被	40	32.7	12	1.8
2010	4	无植被	50	34.9	12	2.6
2010	4	无植被	70	39.5	12	1.6
2010	4	无植被	90	40.3	12	2.3
2010	4	无植被	110	39.1	12	2.4
2010	4	无植被	130	41.6	12	2.8
2010	4	无植被	150	46.5	12	3.4
2010	5	无植被	10	21.8	12	1.8
2010	5	无植被	20	25.9	12	1.3
2010	5	无植被	30	30.0	12	1.1
2010	5	无植被	40	32.1	12	0.6
2010	5	无植被	50	34.9	12	2.2
2010	5	无植被	70	39.9	12	0.9
2010	5	无植被	90	40.4	12	0.9
2010	5	无植被	110	39.7	12	0.7
2010	5	无植被	130	41.0	12	1.3
2010	5	无植被	150	45.9	12	1.2
2010	6	无植被	10	22.3	12	1.9
2010	6	无植被	20	26.0	12	1.5
2010	6	无植被	30	29.6	12	1.3
2010	6	无植被	40	31.3	12	0.7
2010	6	无植被	50	34.7	12	2.5
2010	6	无植被	70	39.7	12	0.8
2010	6	无植被	90	39.5	12	0.9
2010	6	无植被	110	38.9	12	0.8
2010	6	无植被	130	39.9	12	1.0
2010	6	无植被	150	44.0	12	1.0
2010	7	无植被	10	21.7	12	2.0
2010	7	无植被	20	25.0	12	1.6
2010	7	无植被	30	28.3	12	1.8
2010	7	无植被	40	30.2	12	2.2
2010	7	无植被	50	33.6	12	3.2
2010	7	无植被	70	38.6	12	2.5
2010	7	无植被	90	38.1	12	2.1
2010	7	无植被	110	37.5	12	2.5
2010	7	无植被	130	38.3	12	2.8
2010	7	无植被	150	41.9	12	2.9

（续）

年份	月份	作物名称	观测层次（cm）	体积含水量（%）	重复数	标准差
2010	8	无植被	10	21.9	12	1.0
2010	8	无植被	20	25.3	12	1.0
2010	8	无植被	30	28.7	12	1.2
2010	8	无植被	40	30.5	12	1.1
2010	8	无植被	50	33.7	12	3.2
2010	8	无植被	70	39.0	12	1.4
2010	8	无植被	90	38.3	12	1.2
2010	8	无植被	110	37.6	12	0.9
2010	8	无植被	130	38.6	12	1.2
2010	8	无植被	150	42.3	12	2.0
2010	9	无植被	10	22.6	12	1.6
2010	9	无植被	20	26.3	12	1.1
2010	9	无植被	30	29.9	12	1.0
2010	9	无植被	40	30.9	12	1.0
2010	9	无植被	50	33.9	12	2.5
2010	9	无植被	70	38.6	12	1.1
2010	9	无植被	90	38.4	12	1.3
2010	9	无植被	110	37.8	12	0.9
2010	9	无植被	130	38.7	12	0.7
2010	9	无植被	150	42.0	12	1.1
2010	10	无植被	10	22.1	12	1.8
2010	10	无植被	20	26.0	12	1.4
2010	10	无植被	30	29.8	12	1.1
2010	10	无植被	40	31.4	12	0.9
2010	10	无植被	50	34.6	12	2.3
2010	10	无植被	70	39.4	12	1.2
2010	10	无植被	90	38.5	12	1.3
2010	10	无植被	110	37.8	12	1.0
2010	10	无植被	130	38.9	12	0.9
2010	10	无植被	150	42.2	12	1.2
2010	11	无植被	10	20.4	12	2.2
2010	11	无植被	20	24.5	12	1.5
2010	11	无植被	30	28.6	12	1.4
2010	11	无植被	40	30.5	12	1.4
2010	11	无植被	50	33.9	12	2.4
2010	11	无植被	70	38.2	12	1.6
2010	11	无植被	90	37.8	12	1.9
2010	11	无植被	110	37.4	12	1.3

（续）

年份	月份	作物名称	观测层次（cm）	体积含水量（%）	重复数	标准差
2010	11	无植被	130	38.2	12	1.5
2010	11	无植被	150	41.8	12	2.4
2010	12	无植被	10	20.6	12	2.6
2010	12	无植被	20	25.2	12	1.8
2010	12	无植被	30	29.8	12	1.2
2010	12	无植被	40	31.4	12	1.4
2010	12	无植被	50	34.1	12	2.2
2010	12	无植被	70	39.0	12	1.4
2010	12	无植被	90	38.7	12	1.0
2010	12	无植被	110	38.0	12	1.2
2010	12	无植被	130	38.9	12	0.9
2010	12	无植被	150	43.2	12	1.3
2011	1	无植被	10	20.7	12	2.2
2011	1	无植被	20	28.4	12	1.0
2011	1	无植被	30	36.1	12	1.3
2011	1	无植被	40	41.3	12	4.2
2011	1	无植被	50	37.9	12	4.9
2011	1	无植被	70	38.5	12	1.6
2011	1	无植被	90	38.1	12	1.0
2011	1	无植被	110	37.2	12	0.7
2011	1	无植被	130	38.3	12	0.7
2011	1	无植被	150	41.7	12	1.2
2011	2	无植被	10	22.4	12	1.0
2011	2	无植被	20	27.7	12	0.8
2011	2	无植被	30	33.0	12	1.7
2011	2	无植被	40	40.8	12	3.8
2011	2	无植被	50	43.1	12	3.3
2011	2	无植被	70	38.7	12	1.5
2011	2	无植被	90	37.8	12	1.1
2011	2	无植被	110	37.3	12	0.8
2011	2	无植被	130	37.9	12	0.9
2011	2	无植被	150	41.6	12	1.3
2011	3	无植被	10	22.9	12	0.7
2011	3	无植被	20	25.9	12	0.9
2011	3	无植被	30	28.9	12	1.5
2011	3	无植被	40	32.1	12	2.4
2011	3	无植被	50	33.8	12	3.4
2011	3	无植被	70	35.2	12	2.4

（续）

年份	月份	作物名称	观测层次（cm）	体积含水量（%）	重复数	标准差
2011	3	无植被	90	34.7	12	1.8
2011	3	无植被	110	34.6	12	2.9
2011	3	无植被	130	36.3	12	2.0
2011	3	无植被	150	39.9	12	2.4
2011	4	无植被	10	21.8	12	2.4
2011	4	无植被	20	26.3	12	1.7
2011	4	无植被	30	30.8	12	1.1
2011	4	无植被	40	34.4	12	0.8
2011	4	无植被	50	36.4	12	1.5
2011	4	无植被	70	39.4	12	0.9
2011	4	无植被	90	39.9	12	0.9
2011	4	无植被	110	38.1	12	3.1
2011	4	无植被	130	41.2	12	1.1
2011	4	无植被	150	47.1	12	2.1
2011	5	无植被	10	21.7	12	1.9
2011	5	无植被	20	26.0	12	1.5
2011	5	无植被	30	30.2	12	1.7
2011	5	无植被	40	33.8	12	2.5
2011	5	无植被	50	35.7	12	3.0
2011	5	无植被	70	39.2	12	2.4
2011	5	无植被	90	39.4	12	2.4
2011	5	无植被	110	39.0	12	2.3
2011	5	无植被	130	41.3	12	2.7
2011	5	无植被	150	47.0	12	3.6
2011	6	无植被	10	25.4	12	4.3
2011	6	无植被	20	28.2	12	3.0
2011	6	无植被	30	31.1	12	2.0
2011	6	无植被	40	33.9	12	2.8
2011	6	无植被	50	35.6	12	3.7
2011	6	无植被	70	38.6	12	1.6
2011	6	无植被	90	38.5	12	1.4
2011	6	无植被	110	38.7	12	2.0
2011	6	无植被	130	42.5	12	3.2
2011	6	无植被	150	45.7	12	2.0
2011	7	无植被	10	25.3	12	6.8
2011	7	无植被	20	28.9	12	6.6
2011	7	无植被	30	32.5	12	6.8
2011	7	无植被	40	33.7	12	3.9

（续）

年份	月份	作物名称	观测层次（cm）	体积含水量（%）	重复数	标准差
2011	7	无植被	50	36.3	12	4.5
2011	7	无植被	70	39.9	12	2.8
2011	7	无植被	90	39.6	12	2.5
2011	7	无植被	110	38.9	12	2.3
2011	7	无植被	130	41.9	12	3.2
2011	7	无植被	150	46.2	12	2.2
2011	8	无植被	10	23.6	12	2.6
2011	8	无植被	20	25.9	12	2.3
2011	8	无植被	30	28.2	12	3.1
2011	8	无植被	40	30.3	12	3.6
2011	8	无植被	50	32.5	12	4.3
2011	8	无植被	70	36.1	12	4.2
2011	8	无植被	90	36.0	12	4.4
2011	8	无植被	110	35.8	12	4.6
2011	8	无植被	130	38.7	12	4.7
2011	8	无植被	150	42.3	12	5.1
2011	9	无植被	10	22.2	12	1.8
2011	9	无植被	20	25.9	12	1.1
2011	9	无植被	30	29.5	12	1.7
2011	9	无植被	40	31.1	12	1.8
2011	9	无植被	50	34.0	12	2.8
2011	9	无植被	70	41.3	12	11.4
2011	9	无植被	90	56.3	12	43.1
2011	9	无植被	110	36.6	12	3.6
2011	9	无植被	130	38.1	12	3.9
2011	9	无植被	150	43.0	12	2.9
2011	10	无植被	10	23.5	10	2.1
2011	10	无植被	20	26.2	10	1.8
2011	10	无植被	30	28.8	10	1.7
2011	10	无植被	40	29.9	10	1.1
2011	10	无植被	50	32.6	10	2.6
2011	10	无植被	70	37.3	10	1.2
2011	10	无植被	90	36.4	10	1.1
2011	10	无植被	110	36.1	10	1.3
2011	10	无植被	130	36.2	10	1.4
2011	10	无植被	150	39.7	10	2.0
2011	11	无植被	10	24.8	14	1.4
2011	11	无植被	20	27.5	14	1.5

（续）

年份	月份	作物名称	观测层次（cm）	体积含水量（%）	重复数	标准差
2011	11	无植被	30	30.3	14	1.8
2011	11	无植被	40	31.8	14	1.6
2011	11	无植被	50	34.7	14	2.3
2011	11	无植被	70	39.3	14	1.7
2011	11	无植被	90	38.6	14	1.7
2011	11	无植被	110	38.1	14	1.4
2011	11	无植被	130	39.6	14	1.6
2011	11	无植被	150	43.5	14	1.9
2012	7	无植被	10	25.4	12	2.4
2012	7	无植被	20	29.3	12	3.5
2012	7	无植被	30	32.9	12	2.4
2012	7	无植被	40	34.5	12	2.3
2012	7	无植被	50	36.7	12	2.7
2012	7	无植被	70	39.1	12	4.0
2012	7	无植被	90	39.2	12	2.4
2012	7	无植被	110	38.4	12	2.2
2012	7	无植被	130	38.1	12	1.1
2012	7	无植被	150	40.2	12	1.9
2012	8	无植被	10	24.4	12	2.0
2012	8	无植被	20	28.5	12	2.0
2012	8	无植被	30	31.4	12	1.9
2012	8	无植被	40	32.5	12	3.0
2012	8	无植被	50	34.2	12	3.9
2012	8	无植被	70	40.2	12	2.0
2012	8	无植被	90	38.4	12	1.2
2012	8	无植被	110	38.0	12	1.0
2012	8	无植被	130	37.3	12	1.3
2012	8	无植被	150	39.2	12	2.2
2012	9	无植被	10	23.4	12	3.1
2012	9	无植被	20	29.3	12	2.3
2012	9	无植被	30	32.0	12	3.2
2012	9	无植被	40	32.6	12	1.4
2012	9	无植被	50	35.4	12	2.7
2012	9	无植被	70	40.4	12	1.5
2012	9	无植被	90	38.4	12	1.1
2012	9	无植被	110	37.9	12	0.9
2012	9	无植被	130	37.4	12	2.7
2012	9	无植被	150	38.7	12	1.7

（续）

年份	月份	作物名称	观测层次（cm）	体积含水量（%）	重复数	标准差
2012	10	无植被	10	22.4	11	5.6
2012	10	无植被	20	30.4	11	5.4
2012	10	无植被	30	34.1	11	6.1
2012	10	无植被	40	36.0	11	5.9
2012	10	无植被	50	39.3	11	6.3
2012	10	无植被	70	44.0	11	8.3
2012	10	无植被	90	41.7	11	7.1
2012	10	无植被	110	41.2	11	7.1
2012	10	无植被	130	40.2	11	6.1
2012	10	无植被	150	42.2	11	6.1
2014	4	无植被	10	20.3	12	8.1
2014	4	无植被	20	23.6	12	9.3
2014	4	无植被	30	26.9	12	10.6
2014	4	无植被	40	29.0	12	10.2
2014	4	无植被	50	29.6	12	9.7
2014	4	无植被	70	31.0	12	10.1
2014	4	无植被	90	32.6	12	10.7
2014	4	无植被	110	31.4	12	9.3
2014	4	无植被	130	33.5	12	10.8
2014	4	无植被	150	36.0	12	12.3
2014	5	无植被	10	19.9	12	4.0
2014	5	无植被	20	20.9	12	2.9
2014	5	无植被	30	21.9	12	2.7
2014	5	无植被	40	25.4	12	2.1
2014	5	无植被	50	28.4	12	2.6
2014	5	无植被	70	31.1	12	2.7
2014	5	无植被	90	32.6	12	1.4
2014	5	无植被	110	32.0	12	1.6
2014	5	无植被	130	31.8	12	1.3
2014	5	无植被	150	32.5	12	1.4
2014	6	无植被	10	19.4	12	3.3
2014	6	无植被	20	20.4	12	2.0
2014	6	无植被	30	21.4	12	1.5
2014	6	无植被	40	25.0	12	1.7
2014	6	无植被	50	27.5	12	2.0
2014	6	无植被	70	29.8	12	2.9
2014	6	无植被	90	32.0	12	1.6
2014	6	无植被	110	31.0	12	1.5

（续）

年份	月份	作物名称	观测层次（cm）	体积含水量（%）	重复数	标准差
2014	6	无植被	130	30.5	12	1.1
2014	6	无植被	150	31.1	12	1.5
2014	7	无植被	10	24.1	12	5.2
2014	7	无植被	20	24.2	12	3.0
2014	7	无植被	30	24.3	12	3.5
2014	7	无植被	40	28.4	12	5.2
2014	7	无植被	50	31.2	12	5.3
2014	7	无植被	70	35.5	12	3.4
2014	7	无植被	90	36.2	12	4.7
2014	7	无植被	110	36.6	12	5.2
2014	7	无植被	130	36.6	12	5.9
2014	7	无植被	150	38.5	12	6.9
2014	8	无植被	10	27.0	12	7.7
2014	8	无植被	20	26.6	12	4.2
2014	8	无植被	30	26.2	12	4.9
2014	8	无植被	40	30.2	12	6.2
2014	8	无植被	50	33.3	12	7.0
2014	8	无植被	70	35.7	12	5.4
2014	8	无植被	90	38.6	12	4.9
2014	8	无植被	110	37.1	12	4.4
2014	8	无植被	130	36.5	12	4.2
2014	8	无植被	150	39.0	12	6.0
2014	9	无植被	10	26.3	12	1.2
2014	9	无植被	20	28.5	12	0.8
2014	9	无植被	30	30.7	12	0.7
2014	9	无植被	40	30.1	12	1.3
2014	9	无植被	50	32.7	12	2.1
2014	9	无植被	70	42.6	12	1.3
2014	9	无植被	90	41.1	12	1.6
2014	9	无植被	110	41.3	12	0.8
2014	9	无植被	130	43.8	12	1.0
2014	9	无植被	150	48.3	12	3.3
2014	10	无植被	10	26.7	12	1.8
2014	10	无植被	20	28.7	12	1.4
2014	10	无植被	30	31.0	12	1.4
2014	10	无植被	40	38.8	12	29.2
2014	10	无植被	50	32.8	12	1.0
2014	10	无植被	70	41.5	12	0.8

（续）

年份	月份	作物名称	观测层次（cm）	体积含水量（%）	重复数	标准差
2014	10	无植被	90	40.5	12	2.2
2014	10	无植被	110	40.3	12	2.0
2014	10	无植被	130	41.2	12	1.5
2014	10	无植被	150	45.4	12	1.3
2015	4	无植被	10	19.7	12	5.0
2015	4	无植被	20	24.5	12	3.6
2015	4	无植被	30	30.2	12	3.3
2015	4	无植被	40	34.9	12	3.2
2015	4	无植被	50	40.2	12	5.4
2015	4	无植被	70	47.1	12	2.6
2015	4	无植被	90	47.1	12	3.1
2015	4	无植被	110	45.4	12	2.9
2015	4	无植被	130	47.8	12	3.5
2015	4	无植被	150	49.3	12	2.0
2015	5	无植被	10	19.1	12	4.4
2015	5	无植被	20	22.3	12	3.3
2015	5	无植被	30	25.4	12	3.6
2015	5	无植被	40	30.0	12	4.8
2015	5	无植被	50	35.4	12	6.0
2015	5	无植被	70	39.6	12	8.6
2015	5	无植被	90	38.9	12	9.4
2015	5	无植被	110	38.6	12	9.9
2015	5	无植被	130	39.8	12	10.7
2015	5	无植被	150	40.4	12	10.5
2015	6	无植被	10	20.0	12	2.2
2015	6	无植被	20	21.3	12	4.7
2015	6	无植被	30	25.1	12	7.2
2015	6	无植被	40	27.6	12	8.5
2015	6	无植被	50	29.7	12	9.0
2015	6	无植被	70	31.0	12	10.8
2015	6	无植被	90	32.8	12	12.8
2015	6	无植被	110	33.5	12	13.7
2015	6	无植被	130	34.4	12	14.5
2015	6	无植被	150	34.9	12	14.9
2015	7	无植被	10	22.3	12	1.6
2015	7	无植被	20	27.4	12	1.8
2015	7	无植被	30	32.2	12	2.0
2015	7	无植被	40	36.8	12	1.0

（续）

年份	月份	作物名称	观测层次（cm）	体积含水量（%）	重复数	标准差
2015	7	无植被	50	40.1	12	2.3
2015	7	无植被	70	45.8	12	1.3
2015	7	无植被	90	43.6	12	1.3
2015	7	无植被	110	42.2	12	1.2
2015	7	无植被	130	42.9	12	1.6
2015	7	无植被	150	47.2	12	2.1
2015	8	无植被	10	22.0	12	1.6
2015	8	无植被	20	27.8	12	2.8
2015	8	无植被	30	33.4	12	3.6
2015	8	无植被	40	37.5	12	1.6
2015	8	无植被	50	40.8	12	2.8
2015	8	无植被	70	45.7	12	2.5
2015	8	无植被	90	45.3	12	3.2
2015	8	无植被	110	44.2	12	3.6
2015	8	无植被	130	45.2	12	4.3
2015	8	无植被	150	49.2	12	3.4
2015	9	无植被	10	16.9	12	5.1
2015	9	无植被	20	22.2	12	2.6
2015	9	无植被	30	24.9	12	3.2
2015	9	无植被	40	29.1	12	5.4
2015	9	无植被	50	29.5	12	9.2
2015	9	无植被	70	37.5	12	9.9
2015	9	无植被	90	34.2	12	7.4
2015	9	无植被	110	38.8	12	4.1
2015	9	无植被	130	39.1	12	5.0
2015	9	无植被	150	42.1	12	6.1
2015	10	无植被	10	20.1	12	4.0
2015	10	无植被	20	28.0	12	4.6
2015	10	无植被	30	31.8	12	6.7
2015	10	无植被	40	34.8	12	5.5
2015	10	无植被	50	36.5	12	7.2
2015	10	无植被	70	43.3	12	3.2
2015	10	无植被	90	44.2	12	5.4
2015	10	无植被	110	44.1	12	4.4
2015	10	无植被	130	43.4	12	4.9
2015	10	无植被	150	46.1	12	4.9

3.3.1.2　土壤质量含水量

（1）概述。本数据集包括阿克苏站 2008—2015 年 2 个长期监测样地 0～150 cm 土壤质量含水量的观测数据（年、月、作物名称、观测层次和质量含水量），计量单位为％。各观测点信息如下：综合观测场烘干法采样地（AKAZH01CHG _ 01）、气象要素观测场中子管采样地（AKAQX01CTS _ 01）。

（2）数据采集和处理方法。

①观测样地。按照中国生态系统网络水分长期观测规范，土壤质量含水量的监测频率为每 2 月 1 次，实际观测频率为每年的 4～10 月每个月取样监测。监测目标为 2 个长期监测样地包括：综合观测场烘干法采样地（AKAZH01CHG _ 01）、气象要素观测场中子管采样地（AKAQX01CTS _ 01）。

②观测方法。土壤质量含水量采用烘干法测定。

③数据处理方法。根据质控后的数据按样地计算多个采样点的月平均数据。方法为：在水分分中心的水分 AC02 表的基础上，按样地实际测定频率计算平均值，将每个样地多个采样点各观测深度的观测值取平均值，获得的结果作为本数据产品的结果数据。

（3）数据质量控制和评估。

①数据获取过程的质量控制。严格翔实地记录调查时间，核查并记录样地名称、代码和观测层次，真实记录每季作物种类。

②规范原始数据记录的质控措施。原始数据记录是保证各种数据问题的溯源查询依据，要求做到：数据真实、记录规范、书写清晰、数据及辅助信息完整等。使用专用、规范印制的数据记录表和记录本，根据本站调查任务制定年度工作调查记录本，按照调查内容和时间顺序依次排列，装订、定制成本。使用铅笔或黑色碳素笔规范整齐填写，原始数据不得删除或涂改，如记录或观测有误，需将原有数据轻画横线标记，并将审核后的正确数据记录在原数据旁或备注栏，并签名。

③数据质量评估。将所获取的数据与各项辅助信息数据以及历史数据信息进行比较和阈值检查，评价数据的正确性、一致性、完整性、可比性和连续性，对监测数据超出历史数据阈值范围的进行校验，删除异常值或标注说明。经过水分监测负责人审核认定，批准后上报。

（4）数据。

各采样地土壤质量含水量数据见表 3－82、表 3－83。

表 3－82 综合观测场烘干法采样地土壤质量含水量

年份	月份	作物名称	观测层次（cm）	质量含水量（％）
2008	5	棉花	10	20.82
2008	5	棉花	20	22.15
2008	5	棉花	30	23.10
2008	5	棉花	40	26.34
2008	5	棉花	50	28.00
2008	5	棉花	70	27.34
2008	5	棉花	90	26.98
2008	5	棉花	110	25.52
2008	5	棉花	130	28.69
2008	5	棉花	150	29.31
2008	6	棉花	10	27.50
2008	6	棉花	20	26.97
2008	6	棉花	30	27.53
2008	6	棉花	40	28.82

（续）

年份	月份	作物名称	观测层次（cm）	质量含水量（%）
2008	6	棉花	50	28.97
2008	6	棉花	70	27.72
2008	6	棉花	90	28.11
2008	6	棉花	110	26.52
2008	6	棉花	130	29.74
2008	6	棉花	150	30.55
2008	7	棉花	10	20.24
2008	7	棉花	20	20.93
2008	7	棉花	30	22.82
2008	7	棉花	40	25.02
2008	7	棉花	50	27.27
2008	7	棉花	70	27.14
2008	7	棉花	90	24.05
2008	7	棉花	110	26.79
2008	7	棉花	130	27.71
2008	7	棉花	150	30.13
2008	8	棉花	10	19.77
2008	8	棉花	20	21.10
2008	8	棉花	30	22.09
2008	8	棉花	40	24.44
2008	8	棉花	50	27.84
2008	8	棉花	70	28.04
2008	8	棉花	90	25.45
2008	8	棉花	110	27.13
2008	8	棉花	130	28.74
2008	8	棉花	150	30.49
2008	9	棉花	10	26.12
2008	9	棉花	20	25.26
2008	9	棉花	30	24.96
2008	9	棉花	40	28.40
2008	9	棉花	50	29.35
2008	9	棉花	70	28.30
2008	9	棉花	90	27.67
2008	9	棉花	110	27.41
2008	9	棉花	130	28.27
2008	9	棉花	150	28.22
2008	10	棉花	10	20.05
2008	10	棉花	20	20.78

（续）

年份	月份	作物名称	观测层次（cm）	质量含水量（%）
2008	10	棉花	30	22.47
2008	10	棉花	40	25.41
2008	10	棉花	50	27.49
2008	10	棉花	70	25.35
2008	10	棉花	90	23.32
2008	10	棉花	110	29.00
2008	10	棉花	130	27.31
2008	10	棉花	150	26.08
2009	5	棉花	10	15.21
2009	5	棉花	20	18.66
2009	5	棉花	30	21.60
2009	5	棉花	40	25.29
2009	5	棉花	50	25.94
2009	5	棉花	70	30.06
2009	5	棉花	90	28.92
2009	5	棉花	110	25.24
2009	5	棉花	130	27.09
2009	5	棉花	150	29.53
2009	6	棉花	10	16.85
2009	6	棉花	20	21.40
2009	6	棉花	30	25.38
2009	6	棉花	40	27.90
2009	6	棉花	50	28.01
2009	6	棉花	70	29.14
2009	6	棉花	90	30.17
2009	6	棉花	110	26.14
2009	6	棉花	130	28.55
2009	6	棉花	150	30.77
2009	7	棉花	10	10.72
2009	7	棉花	20	14.57
2009	7	棉花	30	18.03
2009	7	棉花	40	23.18
2009	7	棉花	50	25.09
2009	7	棉花	70	28.62
2009	7	棉花	90	27.68
2009	7	棉花	110	24.58
2009	7	棉花	130	27.40
2009	7	棉花	150	29.62

（续）

年份	月份	作物名称	观测层次（cm）	质量含水量（%）
2009	8	棉花	10	19.71
2009	8	棉花	20	23.78
2009	8	棉花	30	27.20
2009	8	棉花	40	27.74
2009	8	棉花	50	28.12
2009	8	棉花	70	29.23
2009	8	棉花	90	29.78
2009	8	棉花	110	25.93
2009	8	棉花	130	27.14
2009	8	棉花	150	29.49
2009	9	棉花	10	15.71
2009	9	棉花	20	19.21
2009	9	棉花	30	22.19
2009	9	棉花	40	25.38
2009	9	棉花	50	25.92
2009	9	棉花	70	28.92
2009	9	棉花	90	27.71
2009	9	棉花	110	23.91
2009	9	棉花	130	26.72
2009	9	棉花	150	29.73
2009	10	棉花	10	15.94
2009	10	棉花	20	19.08
2009	10	棉花	30	21.71
2009	10	棉花	40	25.23
2009	10	棉花	50	26.42
2009	10	棉花	70	29.53
2009	10	棉花	90	27.17
2009	10	棉花	110	24.53
2009	10	棉花	130	27.04
2009	10	棉花	150	30.52
2010	4	棉花	10	18.87
2010	4	棉花	20	21.23
2010	4	棉花	30	22.85
2010	4	棉花	40	25.58
2010	4	棉花	50	28.01
2010	4	棉花	70	27.55
2010	4	棉花	90	25.05
2010	4	棉花	110	18.32

（续）

年份	月份	作物名称	观测层次（cm）	质量含水量（%）
2010	4	棉花	130	28.10
2010	4	棉花	150	28.84
2010	5	棉花	10	20.26
2010	5	棉花	20	21.03
2010	5	棉花	30	24.12
2010	5	棉花	40	25.86
2010	5	棉花	50	26.91
2010	5	棉花	70	26.77
2010	5	棉花	90	27.24
2010	5	棉花	110	28.72
2010	5	棉花	130	28.72
2010	5	棉花	150	25.80
2010	6	棉花	10	32.15
2010	6	棉花	20	26.92
2010	6	棉花	30	27.49
2010	6	棉花	40	25.10
2010	6	棉花	50	27.58
2010	6	棉花	70	26.94
2010	6	棉花	90	25.51
2010	6	棉花	110	29.58
2010	6	棉花	130	27.67
2010	6	棉花	150	26.74
2010	7	棉花	10	18.53
2010	7	棉花	20	17.27
2010	7	棉花	30	20.79
2010	7	棉花	40	24.90
2010	7	棉花	50	24.74
2010	7	棉花	70	1 641.60
2010	7	棉花	90	23.44
2010	7	棉花	110	23.02
2010	7	棉花	130	21.92
2010	7	棉花	150	26.18
2010	8	棉花	10	14.95
2010	8	棉花	20	15.44
2010	8	棉花	30	17.84
2010	8	棉花	40	20.37
2010	8	棉花	50	23.65
2010	8	棉花	70	24.26

（续）

年份	月份	作物名称	观测层次（cm）	质量含水量（%）
2010	8	棉花	90	23.07
2010	8	棉花	110	20.86
2010	8	棉花	130	22.29
2010	8	棉花	150	25.02
2010	9	棉花	10	24.66
2010	9	棉花	20	20.62
2010	9	棉花	30	19.70
2010	9	棉花	40	22.28
2010	9	棉花	50	25.37
2010	9	棉花	70	24.97
2010	9	棉花	90	23.09
2010	9	棉花	110	21.49
2010	9	棉花	130	22.26
2010	9	棉花	150	24.65
2010	10	棉花	10	20.21
2010	10	棉花	20	19.97
2010	10	棉花	30	20.45
2010	10	棉花	40	22.81
2010	10	棉花	50	23.75
2010	10	棉花	70	26.69
2010	10	棉花	90	25.60
2010	10	棉花	110	23.23
2010	10	棉花	130	23.14
2011	4	棉花	10	21.08
2011	4	棉花	20	20.35
2011	4	棉花	30	21.66
2011	4	棉花	40	25.12
2011	4	棉花	50	26.31
2011	4	棉花	70	26.58
2011	4	棉花	90	25.41
2011	4	棉花	110	25.65
2011	4	棉花	130	25.63
2011	4	棉花	150	30.40
2011	5	棉花	10	18.29
2011	5	棉花	20	20.78
2011	5	棉花	30	24.58
2011	5	棉花	40	20.60
2011	5	棉花	50	24.75

（续）

年份	月份	作物名称	观测层次（cm）	质量含水量（%）
2011	5	棉花	70	26.03
2011	5	棉花	90	24.96
2011	5	棉花	110	26.13
2011	5	棉花	130	31.88
2011	5	棉花	150	24.28
2011	6	棉花	10	16.53
2011	6	棉花	20	16.35
2011	6	棉花	30	18.79
2011	6	棉花	40	20.72
2011	6	棉花	50	23.42
2011	6	棉花	70	41.68
2011	6	棉花	90	24.87
2011	6	棉花	110	26.20
2011	6	棉花	130	28.83
2011	6	棉花	150	29.46
2011	7	棉花	10	19.89
2011	7	棉花	20	20.75
2011	7	棉花	30	22.16
2011	7	棉花	40	22.90
2011	7	棉花	50	31.92
2011	7	棉花	70	28.43
2011	7	棉花	90	30.24
2011	7	棉花	110	28.20
2011	7	棉花	130	26.90
2011	7	棉花	150	23.86
2011	8	棉花	10	27.82
2011	8	棉花	20	26.99
2011	8	棉花	30	26.21
2011	8	棉花	40	24.53
2011	8	棉花	50	27.84
2011	8	棉花	70	27.69
2011	8	棉花	90	28.22
2011	8	棉花	110	27.40
2011	8	棉花	130	26.11
2011	8	棉花	150	28.19
2011	9	棉花	10	15.71
2011	9	棉花	20	17.22
2011	9	棉花	30	19.79

（续）

年份	月份	作物名称	观测层次（cm）	质量含水量（%）
2011	9	棉花	40	22.57
2011	9	棉花	50	25.62
2011	9	棉花	70	28.20
2011	9	棉花	90	24.26
2011	9	棉花	110	24.92
2011	9	棉花	130	23.03
2011	9	棉花	150	24.59
2011	10	棉花	10	15.62
2011	10	棉花	20	16.50
2011	10	棉花	30	15.97
2011	10	棉花	40	18.44
2011	10	棉花	50	19.26
2011	10	棉花	70	21.50
2011	10	棉花	90	27.54
2011	10	棉花	110	19.89
2011	10	棉花	130	19.48
2011	10	棉花	150	19.16
2012	7	棉花	10	24.14
2012	7	棉花	20	24.22
2012	7	棉花	30	25.13
2012	7	棉花	40	25.11
2012	7	棉花	50	25.59
2012	7	棉花	70	28.48
2012	7	棉花	90	28.49
2012	7	棉花	110	25.84
2012	7	棉花	130	24.91
2012	7	棉花	150	25.62
2012	8	棉花	10	16.44
2012	8	棉花	20	19.04
2012	8	棉花	30	20.96
2012	8	棉花	40	23.92
2012	8	棉花	50	28.49
2012	8	棉花	70	29.05
2012	8	棉花	90	28.17
2012	8	棉花	110	27.47
2012	8	棉花	130	25.81
2012	8	棉花	150	24.81
2012	9	棉花	10	23.02

（续）

年份	月份	作物名称	观测层次（cm）	质量含水量（%）
2012	9	棉花	20	20.79
2012	9	棉花	30	24.08
2012	9	棉花	40	23.03
2012	9	棉花	50	12.97
2012	9	棉花	70	14.61
2012	9	棉花	90	13.96
2012	9	棉花	110	19.73
2012	9	棉花	130	14.17
2012	9	棉花	150	15.94
2012	10	棉花	10	20.21
2012	10	棉花	20	19.97
2012	10	棉花	30	20.45
2012	10	棉花	40	22.81
2012	10	棉花	50	23.75
2012	10	棉花	70	26.69
2012	10	棉花	90	25.60
2012	10	棉花	110	23.23
2012	10	棉花	130	23.14
2012	10	棉花	150	23.12
2013	4	棉花	10	8.18
2013	4	棉花	20	9.53
2013	4	棉花	30	6.86
2013	4	棉花	40	9.81
2013	4	棉花	50	8.15
2013	4	棉花	70	5.49
2013	4	棉花	90	5.82
2013	4	棉花	110	6.62
2013	4	棉花	130	4.96
2013	4	棉花	150	6.63
2013	5	棉花	10	7.54
2013	5	棉花	20	6.19
2013	5	棉花	30	7.99
2013	5	棉花	40	8.50
2013	5	棉花	50	10.70
2013	5	棉花	70	12.09
2013	5	棉花	90	19.90
2013	5	棉花	110	17.72
2013	5	棉花	130	16.75

（续）

年份	月份	作物名称	观测层次（cm）	质量含水量（%）
2013	5	棉花	150	18.41
2013	6	棉花	10	9.45
2013	6	棉花	20	7.35
2013	6	棉花	30	7.57
2013	6	棉花	40	8.65
2013	6	棉花	50	10.64
2013	6	棉花	70	11.33
2013	6	棉花	90	14.96
2013	6	棉花	110	18.74
2013	6	棉花	130	14.95
2013	6	棉花	150	14.95
2013	7	棉花	10	14.36
2013	7	棉花	20	14.96
2013	7	棉花	30	17.18
2013	7	棉花	40	28.66
2013	7	棉花	50	21.47
2013	7	棉花	70	21.29
2013	7	棉花	90	20.96
2013	7	棉花	110	19.97
2013	7	棉花	130	24.14
2013	7	棉花	150	31.11
2013	8	棉花	10	23.77
2013	8	棉花	20	23.82
2013	8	棉花	30	24.24
2013	8	棉花	40	22.72
2013	8	棉花	50	17.84
2013	8	棉花	70	15.51
2013	8	棉花	90	15.21
2013	8	棉花	110	18.08
2013	8	棉花	130	13.98
2013	8	棉花	150	18.96
2013	9	棉花	10	18.46
2013	9	棉花	20	14.61
2013	9	棉花	30	16.99
2013	9	棉花	40	16.70
2013	9	棉花	50	14.84
2013	9	棉花	70	18.78
2013	9	棉花	90	19.41

（续）

年份	月份	作物名称	观测层次（cm）	质量含水量（%）
2013	9	棉花	110	20.33
2013	9	棉花	130	19.30
2013	9	棉花	150	16.68
2013	10	棉花	10	20.80
2013	10	棉花	20	20.40
2013	10	棉花	30	22.03
2013	10	棉花	40	23.89
2013	10	棉花	50	22.19
2013	10	棉花	70	27.03
2013	10	棉花	90	27.55
2013	10	棉花	110	25.71
2013	10	棉花	130	24.47
2013	10	棉花	150	23.37
2014	4	棉花	10	8.14
2014	4	棉花	20	12.79
2014	4	棉花	30	16.70
2014	4	棉花	40	22.10
2014	4	棉花	50	26.07
2014	4	棉花	70	27.42
2014	4	棉花	90	26.52
2014	4	棉花	110	25.16
2014	4	棉花	130	25.63
2014	4	棉花	150	25.71
2014	5	棉花	10	32.12
2014	5	棉花	20	32.41
2014	5	棉花	30	31.31
2014	5	棉花	40	31.28
2014	5	棉花	50	32.67
2014	5	棉花	70	30.99
2014	5	棉花	90	29.74
2014	5	棉花	110	31.47
2014	5	棉花	130	30.62
2014	5	棉花	150	30.40
2014	6	棉花	10	3.96
2014	6	棉花	20	10.73
2014	6	棉花	30	16.76
2014	6	棉花	40	21.37
2014	6	棉花	50	24.68

（续）

年份	月份	作物名称	观测层次（cm）	质量含水量（%）
2014	6	棉花	70	25.99
2014	6	棉花	90	24.18
2014	6	棉花	110	28.31
2014	6	棉花	130	29.38
2014	7	棉花	150	28.31
2014	7	棉花	10	27.71
2014	7	棉花	20	29.41
2014	7	棉花	30	30.00
2014	7	棉花	40	30.74
2014	7	棉花	50	32.91
2014	7	棉花	70	31.75
2014	7	棉花	90	31.27
2014	7	棉花	110	28.90
2014	7	棉花	130	31.04
2014	7	棉花	150	36.74
2014	8	棉花	10	14.57
2014	8	棉花	20	20.24
2014	8	棉花	30	25.22
2014	8	棉花	40	29.56
2014	8	棉花	50	30.96
2014	8	棉花	70	31.68
2014	8	棉花	90	30.71
2014	8	棉花	110	27.73
2014	8	棉花	130	30.03
2014	8	棉花	150	32.44
2014	9	棉花	10	13.12
2014	9	棉花	20	19.28
2014	9	棉花	30	24.37
2014	9	棉花	40	28.97
2014	9	棉花	50	28.31
2014	9	棉花	70	31.59
2014	9	棉花	90	27.87
2014	9	棉花	110	23.67
2014	9	棉花	130	27.31
2014	9	棉花	150	29.57
2014	10	棉花	10	16.24
2014	10	棉花	20	21.72
2014	10	棉花	30	26.05

（续）

年份	月份	作物名称	观测层次（cm）	质量含水量（%）
2014	10	棉花	40	30.47
2014	10	棉花	50	31.34
2014	10	棉花	70	31.34
2014	10	棉花	90	29.80
2014	10	棉花	110	27.65
2014	10	棉花	130	28.67
2014	10	棉花	150	30.25
2015	4	棉花	10	32.44
2015	4	棉花	20	22.85
2015	4	棉花	30	17.25
2015	4	棉花	40	13.70
2015	4	棉花	50	12.05
2015	4	棉花	70	11.88
2015	4	棉花	90	9.68
2015	4	棉花	110	8.74
2015	4	棉花	130	14.39
2015	4	棉花	150	11.27
2015	5	棉花	10	25.74
2015	5	棉花	20	19.25
2015	5	棉花	30	36.54
2015	5	棉花	40	29.55
2015	5	棉花	50	20.76
2015	5	棉花	70	17.38
2015	5	棉花	90	30.41
2015	5	棉花	110	56.93
2015	5	棉花	130	45.31
2015	5	棉花	150	62.78
2015	6	棉花	10	28.89
2015	6	棉花	20	22.15
2015	6	棉花	30	17.78
2015	6	棉花	40	17.30
2015	6	棉花	50	14.23
2015	6	棉花	70	16.12
2015	6	棉花	90	18.69
2015	6	棉花	110	30.60
2015	6	棉花	130	26.98
2015	7	棉花	150	25.97
2015	7	棉花	10	16.33

（续）

年份	月份	作物名称	观测层次（cm）	质量含水量（%）
2015	7	棉花	20	12.25
2015	7	棉花	30	14.93
2015	7	棉花	40	25.68
2015	7	棉花	50	45.55
2015	7	棉花	70	15.29
2015	7	棉花	90	15.89
2015	7	棉花	110	40.80
2015	7	棉花	130	29.58
2015	7	棉花	150	59.61
2015	8	棉花	10	17.17
2015	8	棉花	20	25.45
2015	8	棉花	30	25.51
2015	8	棉花	40	30.02
2015	8	棉花	50	21.44
2015	8	棉花	70	26.83
2015	8	棉花	90	37.64
2015	8	棉花	110	34.45
2015	8	棉花	130	30.86
2015	8	棉花	150	45.07
2015	9	棉花	10	22.09
2015	9	棉花	20	19.68
2015	9	棉花	30	21.02
2015	9	棉花	40	26.34
2015	9	棉花	50	24.01
2015	9	棉花	70	28.85
2015	9	棉花	90	25.64
2015	9	棉花	110	20.04
2015	9	棉花	130	26.70
2015	9	棉花	150	28.84
2015	10	棉花	10	18.36
2015	10	棉花	20	30.37
2015	10	棉花	30	29.85
2015	10	棉花	40	21.34
2015	10	棉花	50	28.36
2015	10	棉花	70	27.46
2015	10	棉花	90	23.29
2015	10	棉花	110	29.41
2015	10	棉花	130	59.52

（续）

年份	月份	作物名称	观测层次（cm）	质量含水量（%）
2015	10	棉花	150	31.57

表 3 - 83　气象要素观测场中子管采样地土壤质量含水量

年份	月份	作物名称	观测层次（cm）	质量含水量（%）
2014	4	无作物	10	6.30
2014	4	无作物	20	11.33
2014	4	无作物	30	15.38
2014	4	无作物	40	16.45
2014	4	无作物	50	18.61
2014	4	无作物	70	19.26
2014	4	无作物	90	18.31
2014	4	无作物	110	17.05
2014	4	无作物	130	18.05
2014	4	无作物	150	17.93
2014	5	无作物	10	25.42
2014	5	无作物	20	28.79
2014	5	无作物	30	29.39
2014	5	无作物	40	25.85
2014	5	无作物	50	26.12
2014	5	无作物	70	27.30
2014	5	无作物	90	27.37
2014	5	无作物	110	26.84
2014	5	无作物	130	27.40
2014	5	无作物	150	28.32
2014	6	无作物	10	4.03
2014	6	无作物	20	9.45
2014	6	无作物	30	14.08
2014	6	无作物	40	19.86
2014	6	无作物	50	22.47
2014	6	无作物	70	25.67
2014	6	无作物	90	23.72
2014	6	无作物	110	23.04
2014	6	无作物	130	25.10
2014	7	无作物	150	24.23
2014	7	无作物	10	4.98
2014	7	无作物	20	11.98

（续）

年份	月份	作物名称	观测层次 （cm）	质量含水量（%）
2014	7	无作物	30	17.99
2014	7	无作物	40	26.09
2014	7	无作物	50	26.67
2014	7	无作物	70	27.91
2014	7	无作物	90	26.41
2014	7	无作物	110	23.23
2014	7	无作物	130	25.97
2014	7	无作物	150	31.80
2014	8	无作物	10	14.15
2014	8	无作物	20	20.06
2014	8	无作物	30	24.14
2014	8	无作物	40	30.68
2014	8	无作物	50	31.88
2014	8	无作物	70	29.79
2014	8	无作物	90	27.97
2014	8	无作物	110	30.04
2014	8	无作物	130	31.07
2014	8	无作物	150	30.78
2014	9	无作物	10	13.99
2014	9	无作物	20	17.19
2014	9	无作物	30	19.17
2014	9	无作物	40	26.09
2014	9	无作物	50	26.24
2014	9	无作物	70	22.77
2014	9	无作物	90	23.67
2014	9	无作物	110	28.93
2014	9	无作物	130	27.07
2014	9	无作物	150	27.05
2014	10	无作物	10	14.53
2014	10	无作物	20	18.79
2014	10	无作物	30	21.72
2014	10	无作物	40	26.58
2014	10	无作物	50	27.10
2014	10	无作物	70	24.09
2014	10	无作物	90	24.62
2014	10	无作物	110	28.17

（续）

年份	月份	作物名称	观测层次（cm）	质量含水量（%）
2014	10	无作物	130	27.89
2014	10	无作物	150	27.74
2015	4	无作物	10	10.99
2015	4	无作物	20	13.00
2015	4	无作物	30	18.63
2015	4	无作物	40	12.48
2015	4	无作物	50	11.10
2015	4	无作物	70	24.67
2015	4	无作物	90	32.42
2015	4	无作物	110	20.71
2015	4	无作物	130	11.33
2015	4	无作物	150	6.37
2015	5	无作物	10	14.07
2015	5	无作物	20	17.13
2015	5	无作物	30	20.89
2015	5	无作物	40	34.26
2015	5	无作物	50	48.08
2015	5	无作物	70	21.54
2015	5	无作物	90	17.22
2015	5	无作物	110	20.35
2015	5	无作物	130	38.10
2015	5	无作物	150	45.32
2015	6	无作物	10	16.50
2015	6	无作物	20	12.17
2015	6	无作物	30	16.14
2015	6	无作物	40	13.43
2015	6	无作物	50	19.66
2015	6	无作物	70	22.25
2015	6	无作物	90	35.95
2015	6	无作物	110	51.29
2015	6	无作物	130	19.48
2015	7	无作物	150	63.89
2015	7	无作物	10	51.41
2015	7	无作物	20	111.62
2015	7	无作物	30	28.38
2015	7	无作物	40	38.93

（续）

年份	月份	作物名称	观测层次（cm）	质量含水量（%）
2015	7	无作物	50	29.86
2015	7	无作物	70	41.50
2015	7	无作物	90	107.58
2015	7	无作物	110	45.49
2015	7	无作物	130	57.02
2015	7	无作物	150	36.90
2015	8	无作物	10	12.81
2015	8	无作物	20	27.60
2015	8	无作物	30	21.07
2015	8	无作物	40	17.99
2015	8	无作物	50	34.16
2015	8	无作物	70	28.99
2015	8	无作物	90	33.05
2015	8	无作物	110	36.98
2015	8	无作物	130	42.42
2015	8	无作物	150	48.64
2015	9	无作物	10	18.52
2015	9	无作物	20	22.67
2015	9	无作物	30	23.42
2015	9	无作物	40	24.81
2015	9	无作物	50	21.62
2015	9	无作物	70	27.63
2015	9	无作物	90	29.37
2015	9	无作物	110	28.29
2015	9	无作物	130	28.44
2015	9	无作物	150	27.80
2015	10	无作物	10	19.88
2015	10	无作物	20	1.91
2015	10	无作物	30	31.21
2015	10	无作物	40	26.99
2015	10	无作物	50	28.18
2015	10	无作物	70	54.25
2015	10	无作物	90	40.84
2015	10	无作物	110	34.61
2015	10	无作物	130	25.39
2015	10	无作物	150	22.27

3.3.2　地表水、地下水水质数据集

3.3.2.1　概述

本数据集包括阿克苏站 2008—2015 年地表水、地下水长期监测样地水质观测数据，数据集包括采样点名称、采样日期、pH、八大离子、矿化度、化学需氧量、总氮、总磷、电导率、电导率与矿化度换算系数。各观测点信息如下：综合观测场地下潜水水质井观测采样地（AKAZH01CQS_01）、气象要素观测场地下潜水水质井采样地（AKAQX01CQS_01）、灌溉用地表水水质监测长期采样点（AKAZQ01CGB_01）。

3.3.2.2　数据采集和处理方法

（1）观测方法。按照中国生态系统网络水分长期观测规范，定期采集地表水和地下水送实验室测试分析。地表水、地下水水质观测频率为 2 次/年，以实际观测为准。监测样地包括：综合观测场地下潜水水质井观测采样地（AKAZH01CQS_01）、气象要素观测场地下潜水水质井采样地（AKAQX01CQS_01）、灌溉用地表水水质监测长期采样点（AKAZQ01CGB_01）。

（2）数据处理方法。将质量控制后的原始数据表按照样地和指标进行拆分。

3.3.2.3　数据质量控制和评估

（1）数据获取过程的质量控制。严格翔实地记录调查采样时间，核查并记录样地名称、代码等采样信息。另外，在采集水样时，严格按照采样规范，确定采样点位置、采样时间和采样频率，选用适当的采样工具和容器，按规定方法进行采样和填写记录表，并按规定方法对采集的样品进行妥善保存，确定在分析测定前不发生变化。

（2）规范原始数据记录的质控措施。原始数据记录是保证各种数据问题的溯源查询依据，要求做到：数据真实、记录规范、书写清晰、数据及辅助信息完整等。使用专用、规范印制的数据记录表和记录本，根据本站调查任务制定年度工作调查记录本，按照调查内容和时间顺序依次排列，装订、定制成本。使用铅笔或黑色碳素笔规范整齐填写，原始数据不得删除或涂改，如记录或观测有误，需将原有数据轻画横线标记，并将审核后的正确数据记录在原数据旁或备注栏，并签名。

（3）样品分析过程的质量控制。按照《中国生态系统研究网络（CERN）长期观测质量管理规范》丛书《陆地生态系统水环境观测质量保证与质量控制》的相关规定执行，样品采集和运输过程增加采样空白和运输空白，实验室分析测定时插入国家标准样品进行质量控制；利用八大离子加和法、阴阳离子平衡法、电导率校核、pH 校核等方法分析数据的准确性。

（4）数据质量评估。将所获取的分析数据与各项辅助信息数据以及历史数据进行比较和阈值检查，评价数据的正确性、一致性、完整性、可比性和连续性，对监测数据超出历史数据阈值范围的进行校验，删除异常值。经水分监测负责人审核认定，批准后上报。

3.3.2.4　数据价值/数据使用方法和建议

农田生态系统水质监测是监测农田面源污染的重要组成部分，因此农田生态系统水质监测采样首先要考虑水分运动特征，监测不同位置的水质状况。一般农田生态系统水质的长期监测需要水类型包括：雨水、静止地表水、流动地表水、灌溉水、土壤水和地下水。阿克苏站的水质监测满足了对农田生态系统水质长期监测的需要，能较好反映阿克苏绿洲农田生态系统水分运动特征，可全面反映绿洲农业生产活动对水质的影响，对当地的农业生产、科研和教学具有参考价值。

3.3.2.5　数据

灌溉用地表水及综合观测场中子管采样地地下潜水观测井地下水水质数据见表 3-84 至表 3-89。

表 3 - 84　灌溉用地表水水质（一）

采样点名称	采样日期	pH	Ca²⁺ (mg/L)	Mg²⁺ (mg/L)	K⁺ (mg/L)	Na⁺ (mg/L)	CO₃²⁻ (mg/L)	HCO₃⁻ (mg/L)	Cl⁻ (mg/L)	SO₄²⁻ (mg/L)
灌溉用地表水水质监测长期采样点（站区）进水闸口	2008 - 03 - 06	7.90	49.754	32.684	7.168	68.637	—	193.522 5	121.896 4	257.368 8
灌溉用地表水水质监测长期采样点（站区）进水闸口	2008 - 06 - 23	8.09	40.186	19.844	6.926	46.039	—	133.315 5	102.861 8	217.239 0
灌溉用地表水水质监测长期采样点（站区）进水闸口	2008 - 07 - 08	8.12	26.790	4.669	2.818	4.290	—	60.207 0	10.911 1	59.385 1
灌溉用地表水水质监测长期采样点（站区）进水闸口	2008 - 08 - 06	8.11	26.790	7.004	3.430	4.901	—	60.207 0	10.952 9	56.959 5
灌溉用地表水水质监测长期采样点（站区）进水闸口	2008 - 11 - 29	8.31	8.310	11.089	2.496	86.582	—	94.611 0	83.127 8	83.127 8
静止地表水（多浪水库）	2008 - 03 - 16	7.86	40.186	16.342	4.600	43.913	—	150.517 5	84.148 3	188.644 8
静止地表水（多浪水库）	2008 - 06 - 21	7.69	40.186	17.509	5.622	36.602	—	141.916 5	88.184 5	195.865 8
静止地表水（多浪水库）	2008 - 11 - 07	7.84	28.704	22.179	7.101	41.653	—	116.113 5	90.277 6	209.982 4
流动地表水样（阿拉尔塔里木河大桥）	2008 - 03 - 16	7.51	145.434	98.053	53.480	944.713	—	292.434 0	2 040.587 8	1 557.103 8
流动地表水样（阿拉尔塔里木河大桥）	2008 - 06 - 25	7.93	76.544	52.528	22.064	561.418	—	163.419 0	723.868 7	657.776 4
流动地表水样（阿拉尔塔里木河大桥）	2008 - 11 - 07	8.01	118.643	100.388	31.813	878.249	—	270.931 5	2 001.441 0	1 325.948 8
静止地表水（多浪水库）	2009 - 01 - 05	8.54	18.920	6.925	21.088	26.888	—	61.530 7	28.052 0	61.766 0
静止地表水（多浪水库）	2009 - 04 - 05	8.42	24.596	10.387	11.053	98.945	2.593 8	76.473 9	59.946 0	164.215 0
静止地表水（多浪水库）	2009 - 07 - 01	8.35	51.084	6.925	16.028	150.641	—	83.506 0	104.726 0	260.883 0
静止地表水（多浪水库）	2009 - 10 - 01	7.80	35.948	21.928	69.176	77.686	—	61.530 7	66.243 5	202.189 2
站区农田灌溉水质监测（渠道内水样）	2009 - 02 - 21	9.15	32.164	27.699	12.318	70.974	—	109.876 3	74.463 0	178.907 0
站区农田灌溉水质监测（渠道内水样）	2009 - 06 - 17	8.87	33.784	20.774	13.203	102.819	4.323 0	43.950 5	61.081 0	139.476 0
站区农田灌溉水质监测（渠道内水样）	2009 - 07 - 12	7.92	34.056	23.082	14.510	87.699	—	114.271 3	61.507 0	184.297 0
站区农田灌溉水质监测（渠道内水样）	2009 - 08 - 25	6.74	26.488	17.312	34.247	263.107	—	46.148 0	84.789 0	160.194 0
流动地表水样（阿拉尔塔里木河大桥）	2009 - 01 - 07	8.27	132.440	46.165	19.022	812.801	—	105.481 2	704.199 0	1 355.409 0
流动地表水样（阿拉尔塔里木河大桥）	2009 - 04 - 05	8.14	283.800	17.312	38.489	1 440.260	—	114.271 3	1 363.231 0	1 862.215 0

（续）

采样点名称	采样日期	pH	Ca²⁺ (mg/L)	Mg²⁺ (mg/L)	K⁺ (mg/L)	Na⁺ (mg/L)	CO₃²⁻ (mg/L)	HCO₃⁻ (mg/L)	Cl⁻ (mg/L)	SO₄²⁻ (mg/L)
流动地表水水样（阿拉尔塔里木河大桥）	2009 - 07 - 31	8.08	45.408	32.315	18.558	395.029	—	136.246 6	393.050 0	401.202 0
流动地表水水样（阿拉尔塔里木河大桥）	2009 - 10 - 01	7.93	109.736	15.004	21.163	253.960	—	74.715 9	397.186 2	350.580 7
站区农田灌溉水质监测（井水水样）	2009 - 08 - 05	8.18	20.812	8.079	11.643	122.947	—	92.296 1	85.548 0	170.330 0
站区农田灌溉水质监测（渠水（冬灌）水样）	2009 - 11 - 05	7.26	49.192	36.932	25.326	149.678	—	87.901 0	117.397 5	296.936 4
站区农田灌溉水质监测（渠水（春灌）水样）	2010 - 03 - 08	8.09	41.360	15.242	1.463	29.065	—	102.882 6	37.097 6	86.181 6
站区农田灌溉水质监测（渠水（冬灌）水样）	2010 - 11 - 16	7.87	63.652	36.779	5.507	63.802	—	150.108 8	91.661 0	212.968 0
站区农田灌溉水质监测（井水水样）	2010 - 06 - 25	8.63	39.602	8.238	1.578	114.486	5.250 0	119.736 9	86.879 0	150.041 0
站区农田灌溉水质监测（井水水样）	2010 - 07 - 12	7.69	57.610	14.495	3.330	15.187	—	150.419 9	18.674 2	88.441 2
站区农田灌溉水质监测（井水水样）	2010 - 08 - 02	8.64	31.561	7.582	2.420	105.230	5.250 0	94.068 1	101.586 5	143.383 5
站区农田灌溉水质监测（井水水样）	2010 - 08 - 29	8.44	32.594	7.721	0.698	106.207	2.928 0	97.417 0	80.902 5	129.089 5
流动地表水水样（阿拉尔塔里木河大桥）	2010 - 01 - 09	8.24	53.771	40.782	3.750	123.714	—	132.961 7	151.746 0	203.032 0
流动地表水水样（阿拉尔塔里木河大桥）	2010 - 04 - 09	7.94	320.553	275.390	15.266	1 660.233	—	196.517 6	2 535.000 0	1 964.610 0
流动地表水水样（阿拉尔塔里木河大桥）	2010 - 07 - 03	7.92	110.546	48.231	29.242	240.097	—	140.257 3	339.188 0	331.092 0
流动地表水水样（阿拉尔塔里木河大桥）	2010 - 10 - 10	8.00	78.533	38.667	4.790	93.285	—	171.983 4	134.308 0	195.540 0
静止地表水（多浪水库）	2010 - 01 - 09	8.64	22.981	6.470	0.751	10.549	2.322 0	51.959 8	13.793 3	49.450 9
静止地表水（多浪水库）	2010 - 04 - 09	7.86	68.426	50.422	5.429	111.420	—	161.509 7	149.851 0	259.432 0
静止地表水（多浪水库）	2010 - 07 - 04	8.47	46.131	35.054	2.537	57.831	2.928 0	91.884 3	88.514 0	166.335 0
静止地表水（多浪水库）	2010 - 10 - 06	7.94	50.804	33.175	3.645	51.674	—	131.528 2	61.018 0	146.657 0
静止地表水（多浪水库）	2011 - 01 - 09	7.93	33.000	14.640	3.800	25.700	—	45.384 0	35.500 0	99.200 0
静止地表水（多浪水库）	2011 - 04 - 01	8.32	39.000	18.300	3.300	45.000	—	51.057 0	55.025 0	128.000 0
静止地表水（多浪水库）	2011 - 07 - 11	8.22	38.000	43.920	5.900	97.500	—	61.457 5	134.900 0	236.800 0
静止地表水（多浪水库）	2011 - 10 - 10	8.18	41.000	30.500	5.000	63.750	—	72.803 5	83.425 0	176.800 0
站区农田灌溉水质监测（渠水（春灌）水样）	2011 - 03 - 02	8.29	41.000	35.990	6.500	76.250	—	84.149 5	101.175 0	169.600 0
站区农田灌溉水质监测（渠水（冬灌）水样）	2011 - 11 - 10	8.21	50.000	27.450	5.600	60.000	—	87.931 5	76.325 0	152.800 0
流动地表水水样（阿拉尔塔里木河大桥）	2011 - 01 - 09	7.91	46.000	7.930	3.000	62.500	—	90.768 0	99.400 0	104.000 0
流动地表水水样（阿拉尔塔里木河大桥）	2011 - 04 - 01	8.03	60.000	47.580	8.900	163.750	—	121.024 0	237.850 0	294.400 0

（续）

采样点名称	采样日期	pH	Ca²⁺(mg/L)	Mg²⁺(mg/L)	K⁺(mg/L)	Na⁺(mg/L)	CO₃²⁻(mg/L)	HCO₃⁻(mg/L)	Cl⁻(mg/L)	SO₄²⁻(mg/L)
流动地表水水样（阿拉尔塔里木河大桥）	2011-07-11	8.15	70.000	53.680	7.900	342.500	—	70.912 5	472.150 0	414.400 0
流动地表水水样（阿拉尔塔里木河大桥）	2011-10-10	8.10	48.000	28.670	4.800	75.000	—	94.550 0	113.600 0	152.800 0
静止地表水水样（多浪水库）	2012-07-09	7.96	55.000	15.860	5.200	81.500	—	103.059 5	124.250 0	121.774 6
静止地表水水样（多浪水库）	2012-10-07	7.92	55.000	29.280	5.500	79.000	—	83.204 0	113.600 0	199.749 5
站区农田灌溉水质监测（渠水（春灌）水样）	2012-02-26	7.89	52.000	34.160	5.600	68.500	—	119.133 0	95.850 0	185.687 2
站区农田灌溉水质监测（渠水（冬灌）水样）	2012-12-01	7.79	62.000	31.720	5.100	94.000	—	152.225 5	122.475 0	190.650 8
流动地表水水样（阿拉尔塔里木河大桥）	2012-04-01	7.80	170.000	143.350	18.200	0.070	—	104.005 0	1 313.500 0	949.546 2
流动地表水水样（阿拉尔塔里木河大桥）	2012-07-08	8.18	29.000	20.435	3.400	0.076	—	72.803 5	40.825 0	95.738 1
流动地表水水样（阿拉尔塔里木河大桥）	2012-10-09	7.80	44.000	26.840	4.300	0.070	—	112.514 5	111.825 0	115.525 4
静止地表水水样（多浪水库）	2013-01-10	8.01	61.000	25.620	3.500	78.500	—	114.405 5	118.925 0	162.557 7
静止地表水水样（多浪水库）	2013-04-05	8.23	43.000	35.380	4.600	65.000	—	91.713 5	90.525 0	187.675 6
静止地表水水样（多浪水库）	2013-07-10	7.79	50.000	31.720	3.900	38.000	—	97.386 5	56.800 0	173.833 4
静止地表水水样（多浪水库）	2013-10-15	7.94	50.804	33.175	3.645	51.674	—	131.528 2	61.018 0	146.657 0
站区农田灌溉水质监测（渠水（春灌）水样）	2013-02-28	8.09	41.360	15.242	1.463	29.065	—	102.882 6	37.097 6	86.181 6
站区农田灌溉水质监测（渠水（冬灌）水样）	2013-12-10	7.87	63.652	36.779	5.507	63.802	—	150.108 8	91.661 0	212.968 0
流动地表水水样（阿拉尔塔里木河大桥）	2013-01-09	7.91	40.000	23.790	7.000	85.000	—	95.495 5	115.375 0	142.250 1
流动地表水水样（阿拉尔塔里木河大桥）	2013-04-09	7.92	74.000	32.940	3.800	183.750	—	66.185 0	186.375 0	390.577 2
流动地表水水样（阿拉尔塔里木河大桥）	2013-07-03	7.91	42.000	23.485	3.500	39.000	—	92.659 0	47.925 0	140.292 7
流动地表水水样（阿拉尔塔里木河大桥）	2013-10-10	8.05	41.500	19.520	3.500	48.500	—	82.258 5	76.325 0	112.025 6
静止地表水水样（多浪水库）	2014-01-10	8.13	22.680	5.980	0.586	8.229	2.150 0	59.753 8	12.551 9	46.978 4
静止地表水水样（多浪水库）	2014-04-06	7.96	65.330	45.560	4.234	86.907	—	185.736 2	136.364 4	246.460 4
静止地表水水样（多浪水库）	2014-07-10	8.41	41.200	30.847	1.979	45.108	2.653 0	105.666 9	80.547 7	158.018 3
静止地表水水样（多浪水库）	2014-10-01	7.83	55.310	29.194	2.843	47.023	—	151.257 4	55.526 4	139.324 2
站区农田灌溉水质监测（渠水（春灌）水样）	2014-03-08	8.15	36.550	13.413	1.288	25.577	—	90.536 7	33.758 8	81.872 5
站区农田灌溉水质监测（渠水（冬灌）水样）	2014-11-16	7.91	55.690	32.365	4.846	56.146	—	132.095 7	83.411 5	202.319 6
站区农田灌溉水质监测（井水水样）	2014-06-28	8.63	35.690	7.249	1.389	100.748	5.155 0	12.572 4	79.059 9	142.539 0

（续）

采样点名称	采样日期	pH	Ca²⁺ (mg/L)	Mg²⁺ (mg/L)	K⁺ (mg/L)	Na⁺ (mg/L)	CO₃²⁻ (mg/L)	HCO₃⁻ (mg/L)	Cl⁻ (mg/L)	SO₄²⁻ (mg/L)
站区农田灌溉水质监测（井水水样）	2014-07-12	7.88	55.260	12.755	2.931	12.757	—	15.794 1	16.993 5	84.019 1
站区农田灌溉水质监测（井水水样）	2014-08-02	8.69	55.690	7.582	2.130	101.021	4.360 0	9.877 2	92.443 7	136.214 3
站区农田灌溉水质监测（井水水样）	2014-08-27	8.13	44.890	7.721	0.670	127.449	3.589 0	10.228 8	73.621 3	122.635 0
流动地表水水样（阿拉尔塔里木河大桥）	2014-01-05	8.21	51.250	40.782	3.600	118.765	—	13.961 0	138.088 9	192.880 4
流动地表水水样（阿拉尔塔里木河大桥）	2014-04-05	7.52	390.580	236.980	14.655	1 826.256	—	216.169 4	2 306.850 0	1 866.379 5
流动地表水水样（阿拉尔塔里木河大桥）	2014-07-03	7.82	245.360	46.550	28.072	230.493	—	134.647 0	308.661 1	314.537 4
流动地表水水样（阿拉尔塔里木河大桥）	2014-10-05	8.00	53.690	31.690	4.599	72.762	—	134.147 1	122.220 3	185.763 0
静止地表水水样（多浪水库）	2015-01-05									
静止地表水水样（多浪水库）	2015-04-08	7.61	36.000	20.740	3.500	23.400	—	90.768 0	44.375 0	89.690 5
静止地表水样（多浪水库）	2015-07-06	7.41	34.000	21.350	3.500	23.200	—	91.713 5	44.375 0	86.132 3
静止地表水样（多浪水库）	2015-10-08	7.79	50.000	31.720	3.900	38.000	—	97.386 5	56.800 0	173.833 4
站区农田灌溉水质监测（渠水）（春灌）水样	2015-03-06	7.67	280.000	122.000	25.200	606.250	—	112.514 5	635.450 0	1 500.373 9
站区农田灌溉水质监测（渠水）（冬灌）水样	2015-12-16	8.13	22.680	5.980	0.586	8.229	0.020 0	59.753 8	12.551 9	46.978 4
站区农田灌溉水质监测（井水水样）	2015-06-20	7.96	65.330	45.560	4.234	86.907	—	185.736 2	136.364 4	246.460 4
站区农田灌溉水质监测（井水水样）	2015-07-28	8.41	41.200	30.847	1.979	45.108	—	105.666 9	80.547 7	158.018 3
站区农田灌溉水质监测（井水水样）	2015-08-04	7.83	55.310	29.194	2.843	47.023	—	151.257 4	55.526 4	139.324 2
站区农田灌溉水质监测（井水水样）	2015-08-25	7.82	245.360	46.550	28.072	230.493	—	134.647 0	308.661 1	314.537 4
流动地表水水样（阿拉尔塔里木河大桥）	2015-01-05	8.00	53.690	31.690	4.599	72.762	—	134.147 1	122.220 3	185.763 0
流动地表水水样（阿拉尔塔里木河大桥）	2015-04-05	7.84	195.000	253.150	26.500	1 350.000	—	198.555 0	1 934.750 0	1 541.666 0
流动地表水水样（阿拉尔塔里木河大桥）	2015-07-03	8.16	31.000	13.420	4.800	30.600	—	88.877 0	53.250 0	54.986 8
流动地表水水样（阿拉尔塔里木河大桥）	2015-10-08	8.05	41.500	19.520	3.500	48.500	—	82.258 5	76.325 0	112.025 6

注："—"表示未检出，空白表示未测。

表 3 - 85 灌溉用地表水水质（二）

采样点名称	采样日期	PO$_4^{3-}$ (mg/L)	NO$_3^-$ (mg/L)	矿化度 (mg/L)	DO (mg/L)	总氮 (mg/L)	总磷 (mg/L)	电导率 (mS/cm)	电导率与矿化度换算系数
灌溉用地表水水质长期采样点（站区进水闸口）	2008 - 03 - 06	—	4.714 8	765.00		1.540 1	0.020 4		
灌溉用地表水水质长期采样点（站区进水闸口）	2008 - 06 - 23	—	3.896 2	585.00		1.221 6	0.023 4		
灌溉用地表水水质长期采样点（站区进水闸口）	2008 - 07 - 08	—	2.597 9	180.00		0.989 7	0.027 0		
灌溉用地表水水质长期采样点（站区进水闸口）	2008 - 08 - 06	—	2.945 5	175.00		1.088 5	0.023 7		
灌溉用地表水水质长期采样点（站区进水闸口）	2008 - 11 - 29	—	2.869 5	380.00		0.762 9	0.057 7		
静止地表水（多浪水库）	2008 - 03 - 16	—	5.023 1	572.50		1.339 8	0.018 3		
静止地表水（多浪水库）	2008 - 06 - 21	—	5.018 6	552.50		1.340 4	0.028 8		
静止地表水（多浪水库）	2008 - 11 - 07	—	3.021 3	547.50		0.862 4	0.016 7		
流动地表水水样（阿拉尔塔里木河大桥）	2008 - 03 - 16	—	6.859 7	5 227.50		1.788 8	0.048 9		
流动地表水水样（阿拉尔塔里木河大桥）	2008 - 06 - 25	—	3.852 1	2 345.00		1.042 6	0.016 3		
流动地表水水样（阿拉尔塔里木河大桥）	2008 - 11 - 07	—	4.965 3	4 757.50		1.387 6	0.012 7		
静止地表水（多浪水库）	2009 - 01 - 05	—	0.220 0	245.00		0.450 0	0.038 0	342.265	1.397 0
静止地表水（多浪水库）	2009 - 04 - 05	—	—	495.00		0.363 0	0.010 0	691.515	1.397 0
静止地表水（多浪水库）	2009 - 07 - 01	—	—	715.00		0.759 0	0.039 0	998.855	1.397 0
静止地表水（多浪水库）	2009 - 10 - 01	—	—	607.15		1.630 6	—	848.188	1.397 0
站区农田灌溉水质监测（渠道内水样）	2009 - 02 - 21	—	—	520.00		0.948 0	0.004 0	726.440	1.397 0
站区农田灌溉水质监测（渠道内水样）	2009 - 06 - 17	—	—	480.00		0.120 0	0.006 0	670.560	1.397 0
站区农田灌溉水质监测（渠道内水样）	2009 - 07 - 12	—	—	555.00		0.650 0	0.066 0	775.335	1.397 0
站区农田灌溉水质监测（渠道内水样）	2009 - 08 - 25	—	—	1 040.00		0.109 4	—	1 452.880	1.397 0
流动地表水水样（阿拉尔塔里木河大桥）	2009 - 01 - 07	—	—	3 370.00		0.568 0	—	4 707.890	1.397 0
流动地表水水样（阿拉尔塔里木河大桥）	2009 - 04 - 05	—	—	5 630.00		0.218 0	0.028 0	7 865.110	1.397 0

（续）

采样点名称	采样日期	PO₄³⁻ (mg/L)	NO₃⁻ (mg/L)	矿化度 (mg/L)	DO (mg/L)	总氮 (mg/L)	总磷 (mg/L)	电导率 (mS/cm)	电导率与矿化度换算系数
流动地表水水样（阿拉尔塔里木河大桥）	2009-07-31	—	—	1 565.00		0.598 0	0.014 0	2 186.305	1.397 0
流动地表水水样（阿拉尔塔里木河大桥）	2009-10-01	—	—	1 247.00		0.797 0	0.092 7	1 742.059	1.397 0
站区农田灌溉水质监测（井水水样）	2009-08-05	—	—	525.00		0.161 0	0.073 0	733.425	1.397 0
站区农田灌溉水质监测（渠水(冬灌)水样）	2009-11-05	—	—	843.00		1.270 5	0.177 3	1 177.671	1.397 0
站区农田灌溉水质监测（渠水(春灌)水样）	2010-03-08	—	2.323 4	387.43	8.90	4.149 1	0.079 5	270.000	1.123 0
站区农田灌溉水质监测（渠水(冬灌)水样）	2010-11-16	—	2.623 8	685.88	6.30	0.677 9	0.109 4	744.000	1.123 0
站区农田灌溉水质监测（井水水样）	2010-06-25	—	2.579 2	576.35	3.30	21.900 5	0.019 5	681.000	1.123 0
站区农田灌溉水质监测（井水水样）	2010-07-12	—	0.723 5	364.53	5.70	0.718 9	0.022 5	260.000	1.123 0
站区农田灌溉水质监测（井水水样）	2010-08-02	—	4.190 3	530.16	6.10	27.452 5	0.027 1	672.000	1.123 0
站区农田灌溉水质监测（井水水样）	2010-08-29	—	1.465 9	489.75	7.40	0.298 7	0.009 7	510.000	1.123 0
流动地表水水样（阿拉尔塔里木河大桥）	2010-01-09	—	1.290 9	728.36	6.40	0.386 2	0.003 5	860.000	1.123 0
流动地表水水样（阿拉尔塔里木河大桥）	2010-04-09	—	0.000 0	7 388.00	5.50	0.397 0	0.016 5	7 880.000	1.123 0
流动地表水水样（阿拉尔塔里木河大桥）	2010-07-03	—	0.000 0	1 240.00	6.50	1.016 0	0.041 0	1 410.000	1.123 0
流动地表水水样（阿拉尔塔里木河大桥）	2010-10-10	—	5.006 1	752.10	6.50	1.283 9	0.048 4	760.000	1.123 0
静止地表水水样（多浪水库）	2010-01-09	0.121 0	0.000 0	170.35	8.80	0.317	0.020 2	110.000	1.123 0
静止地表水水样（多浪水库）	2010-04-09	0.065 7	3.036 2	824.59	5.80	0.783 7	0.033 9	920.000	1.123 0
静止地表水水样（多浪水库）	2010-07-04	0.059 6	0.000 0	496.00	8.10	0.633 6	0.023 2	604.000	1.123 0
静止地表水水样（多浪水库）	2010-10-06	0.077 7	1.423 6	480.00	6.60	0.353 8	0.006 7	490.000	1.123 0
静止地表水水样（多浪水库）	2011-01-09	0.121 0	0.000 0	8.41	5.20	0.142 5	2.029 0	619.000	2.312 4
静止地表水水样（多浪水库）	2011-04-01	0.065 7	3.036 2	1.05	5.50	0.033 9	0.139 2	851.000	2.397 2
静止地表水水样（多浪水库）	2011-07-11	0.059 6	0.000 0	1.39	5.60	0.050 6	0.632 6	1 173.000	1.750 7
静止地表水水样（多浪水库）	2011-10-10	0.077 7	1.423 6	1.79	5.50	0.033 9	2.955 0	876.000	1.806 2
站区农田灌溉水质监测（渠水(春灌)水样）	2011-03-02	0.079 3	1.556 9	560.00	8.29	0.391 4	0.054 5	1 026.000	1.832 1
站区农田灌溉水质监测（渠水(冬灌)水样）	2011-11-10	0.065 7	2.318 4	495.00	8.21	0.172 2	0.062 4	906.000	1.830 3
流动地表水水样（阿拉尔塔里木河大桥）	2011-01-09	0.087 4	3.947 1	435.38	6.40	0.776 8	0.046 0	713.000	1.637 6
流动地表水水样（阿拉尔塔里木河大桥）	2011-04-01	0.065 7	1.366 5	960.00	5.10	0.492 5	0.053 8	1 618.000	1.685 4

（续）

采样点名称	采样日期	PO₄³⁻ (mg/L)	NO₃⁻ (mg/L)	矿化度 (mg/L)	DO (mg/L)	总氮 (mg/L)	总磷 (mg/L)	电导率 (mS/cm)	电导率与矿化度换算系数
流动地表水水样（阿拉尔塔里木河大桥）	2011-07-11	0.065 7	2.508 7	1 480.00	5.90	0.288 3	0.037 4	2 480.000	1.675 7
流动地表水水样（阿拉尔塔里木河大桥）	2011-10-10	0.062 7	3.989 4	540.00	5.50	0.678 7	0.046 3	953.000	1.764 8
静止地表水（多浪水库）	2012-07-09	0.076 3	2.741 5	556.53	7.10	0.517 1	0.067 7	741.000	1.331 5
静止地表水（多浪水库）	2012-10-07	0.069 7	0.954 9	571.60	6.80	0.783 6	0.124 5	787.000	1.376 8
站区农田灌溉水质监测（渠水（春灌）水样）	2012-02-26	0.082 9	2.948 3	619.57	6.30	2.165 7	0.192 2	766.000	1.236 3
站区农田灌溉水质监测（渠水（冬灌）水样）	2012-12-01	0.109 2	3.230 4	671.11	6.50	2.185 4	0.083 9	887.000	1.321 7
流动地表水水样（阿拉尔塔里木河大桥）	2012-04-01	0.069 7	2.534 6	3 792.00	6.40	0.734 3	0.065 0	4 720.000	1.244 7
流动地表水水样（阿拉尔塔里木河大桥）	2012-07-08	0.076 3	0.936 1	296.40	6.10	0.497 3	0.054 1	413.000	1.393 4
流动地表水水样（阿拉尔塔里木河大桥）	2012-10-09	0.069 7	3.174 0	531.26	7.00	1.060 0	0.048 7	686.000	1.291 3
静止地表水（多浪水库）	2013-01-10	0.038 4	2.432 0	602.21	5.02	0.515 6	—	841.000	1.396 5
静止地表水（多浪水库）	2013-04-05	0.038 4	1.804 9	525.86	5.50	0.454 9	—	752.000	1.430 0
静止地表水（多浪水库）	2013-07-10	0.031 2	2.040 0	483.69	4.80	0.327 9	—	647.000	1.336 7
静止地表水（多浪水库）	2013-10-15	—	1.423 6	480.00	6.60	0.353 8	0.006 7	490.000	1.123 0
站区农田灌溉水质监测（渠水（春灌）水样）	2013-02-28	—	2.323 4	387.43	8.90	4.149 1	0.079 5	270.000	1.123 0
站区农田灌溉水质监测（渠水（冬灌）水样）	2013-12-10	0.052 9	2.623 8	685.88	6.30	0.677 9	0.109 4	744.000	1.123 0
流动地表水水样（阿拉尔塔里木河大桥）	2013-01-09	0.031 2	2.725 9	527.75	5.70	0.859 7	0.008 6	751.000	1.423 0
流动地表水水样（阿拉尔塔里木河大桥）	2013-04-09	0.031 2	0.825 0	963.09	6.10	0.058 9	—	1 332.000	1.383 0
流动地表水水样（阿拉尔塔里木河大桥）	2013-07-03	0.031 2	1.079 8	401.33	6.30	0.162 6	—	544.000	1.355 6
流动地表水水样（阿拉尔塔里木河大桥）	2013-10-10	—	2.471 2	401.13	5.60	0.298 9	—	582.000	1.450 9
静止地表水（多浪水库）	2014-01-10	—	—	170.35	8.18	0.288 5	0.020 2	110.000	1.548 7
静止地表水（多浪水库）	2014-04-06	—	2.895 0	824.59	5.39	0.713 2	0.033 9	920.000	0.896 3
静止地表水（多浪水库）	2014-07-10	—	—	496.00	7.53	0.576 6	0.023 2	604.000	0.821 2
静止地表水（多浪水库）	2014-10-01	—	1.350 0	480.00	6.14	0.321 9	0.006 7	490.000	0.979 6
站区农田灌溉水质监测（渠水（春灌）水样）	2014-03-08	—	2.125 0	387.43	9.08	3.941 6	0.079 5	270.000	1.434 9
站区农田灌溉水质监测（渠水（冬灌）水样）	2014-11-16	—	1.985 0	685.88	6.43	0.644 0	0.109 4	744.000	0.921 9
站区农田灌溉水质监测（井水样）	2014-06-28	—	2.221 0	576.35	3.37	20.805 5	0.019 5	681.000	0.846 3

（续）

采样点名称	采样日期	PO₄³⁻ (mg/L)	NO₃⁻ (mg/L)	矿化度 (mg/L)	DO (mg/L)	总氮 (mg/L)	总磷 (mg/L)	电导率 (mS/cm)	电导率与矿化度换算系数
站区农田灌溉水质监测（井水水样）	2014-07-12	—	0.880 0	364.53	5.81	0.740 5	0.022 5	260.000	1.402 0
站区农田灌溉水质监测（井水水样）	2014-08-02	—	4.969 0	530.16	5.37	28.276 0	0.027 1	672.000	0.788 9
站区农田灌溉水质监测（井水水样）	2014-08-27	—	1.326 0	489.75	6.51	0.307 6	0.009 7	510.000	0.960 3
流动地表水水样（阿拉尔塔里木河大桥）	2014-01-05	—	1.296 0	728.36	5.63	0.397 8	0.003 5	860.000	0.846 9
流动地表水水样（阿拉尔塔里木河大桥）	2014-04-05	—	—	7 388.00	4.84	0.408 9	0.016 5	7 880.000	0.937 6
流动地表水水样（阿拉尔塔里木河大桥）	2014-07-03	—	—	1 240.00	5.72	1.046 5	0.041 0	1 410.000	0.879 4
流动地表水水样（阿拉尔塔里木河大桥）	2014-10-05	—	4.995 0	752.10	5.72	1.322 5	0.048 4	760.000	0.989 6
静止地表水（多浪水库）	2015-01-05	—	—		3.50	0.150 0	0.000 0	433.000	1.272 1
静止地表水（多浪水库）	2015-04-08	0.009 2	0.003 8	340.38	3.30	0.270 0	0.000 0	417.000	1.299 6
静止地表水（多浪水库）	2015-07-06	0.007 1	0.003 9	320.86	4.10	0.380 0	0.000 0	405.000	1.336 7
静止地表水（多浪水库）	2015-10-08	0.031 2	0.040	483.69	4.80	0.327 9	0.000 0	647.000	1.336 7
站区农田灌溉水质监测（渠水（春灌）水样）	2015-03-06	0.024 1	0.009 1	3 376.26	5.69	3.960 0	0.040 0	3 580.000	1.060 3
站区农田灌溉水质监测（渠水（冬灌）水样）	2015-12-16	—	—	170.35	8.18	0.288 5	0.020 2	110.000	0.645 7
站区农田灌溉水质监测（井水水样）	2015-06-20	—	2.895 0	824.59	5.39	0.713 2	0.033 9	920.000	1.115 7
站区农田灌溉水质监测（井水水样）	2015-07-28	—	—	496.00	7.53	0.576 6	0.023 2	604.000	1.217 7
站区农田灌溉水质监测（井水水样）	2015-08-04	—	1.350 0	480.00	6.14	0.321 9	0.006 7	490.000	1.020 8
站区农田灌溉水质监测（井水水样）	2015-08-25	—	—	1 240.00	5.72	1.046 5	0.041 0	1 410.000	0.879 4
流动地表水水样（阿拉尔塔里木河大桥）	2015-01-05	—	4.995 0	752.10	5.72	1.322 5	0.048 4	760.000	0.989 6
流动地表水水样（阿拉尔塔里木河大桥）	2015-04-05	0.007 1	0.008 5	5 890.00	5.55	0.850 0	0.010 0	390.000	1.298 1
流动地表水水样（阿拉尔塔里木河大桥）	2015-07-03	0.015 6	0.009 1	300.44	4.36	0.490 0	0.020 0	480.550	1.198 0
流动地表水水样（阿拉尔塔里木河大桥）	2015-10-08	0.031 2	2.471 2	401.13	5.60	0.298 9	0.050 0	582.000	1.450 9

注："—"表示未检出，空白表示未测。

表 3 - 86　综合观测场中子管采样地地下潜水观测井地下水水质（一）

采样日期	pH	Ca²⁺ (mg/L)	Mg²⁺ (mg/L)	K⁺ (mg/L)	Na⁺ (mg/L)	CO₃²⁻ (mg/L)	HCO₃⁻ (mg/L)	Cl⁻ (mg/L)	SO₄²⁻ (mg/L)
2008 - 07 - 15	8.14	51.667	4.669	6.032	12.784	—	154.818 0	24.828 9	111.456 1
2008 - 10 - 15	7.97	275.558	78.209	36.722	172.101	—	223.626 0	284.618 5	1 811.605 9
2008 - 12 - 15	7.72	229.632	46.692	21.056	62.569	—	232.227 0	79.567 9	79.567 9
2009 - 01 - 05	7.63	198.660	28.853	20.329	80.801	—	101.086 2	66.874 0	902.317 0
2009 - 04 - 05	7.74	170.280	40.394	21.932	307.505	—	114.271 3	78.914 0	843.594 0
2009 - 07 - 01	7.58	302.720	28.853	23.787	185.416	—	219.752 5	116.222 0	1 332.198 0
2009 - 10 - 01	7.10	454.080	40.394	53.171	899.480	—	186.789 6	361.761 7	2 175.840 0
2010 - 01 - 10	7.58	489.473	110.961	8.058	155.780	—	248.471 3	177.870 0	1 171.355 0
2010 - 04 - 02	7.50	1 034.620	226.894	38.779	320.629	—	241.797 9	167.680 0	1 246.080 0
2010 - 07 - 04	7.37	528.222	138.526	29.977	269.451	—	333.078 3	228.600 0	1 399.257 5
2010 - 10 - 10	7.18	1 214.422	331.686	65.982	598.408	—	309.361 5	267.890 0	1 701.100 0
2011 - 01 - 03	7.75	505.000	97.600	28.900	250.000	—	215.574 0	248.500 0	1 508.000 0
2011 - 07 - 03	7.97	390.000	97.600	21.500	250.000	—	238.266 0	213.000 0	1 256.000 0
2011 - 10 - 02	7.85	204.000	103.700	30.300	190.000	—	291.214 0	147.325 0	829.600 0
2014 - 01 - 09	7.75	489.520	97.646	7.655	147.991	—	236.047 7	161.861 7	1 112.787 3
2014 - 04 - 02	7.60	1 034.620	199.666	36.840	285.360	—	215.200 1	152.588 8	1 183.776 0
2014 - 07 - 04	7.41	226.360	121.903	27.279	231.728	—	286.447 3	208.026 0	1 329.294 6
2014 - 10 - 05	7.28	1 102.560	291.884	60.044	526.599	—	272.238 1	243.779 9	1 616.045 0
2015 - 01 - 05	7.75	489.520	97.646	7.655	147.991	—	236.047 7	161.861 7	1 112.787 3
2015 - 04 - 02	7.60	1 034.620	199.666	36.840	285.360	—	215.200 1	152.588 8	1 183.776 0
2015 - 07 - 04	7.41	226.360	121.903	27.279	231.728	—	286.447 3	208.026 0	1 329.294 6
2015 - 10 - 08	7.60	1 034.620	199.666	36.840	285.360	—	215.200 1	152.588 8	1 183.776 0

注："—"表示未检出，空白表示未测。

表 3 - 87　综合观测场中子管采样地地下潜水观测井地下水水质（二）

采样日期	PO₄³⁻ (mg/L)	NO₃⁻ (mg/L)	矿化度 (mg/L)	DO (mg/L)	总氮 (mg/L)	总磷 (mg/L)	电导率 (mS/cm)	电导率与矿化度换算系数
2008 - 07 - 15	0.522 9	43.619 7	432.50		10.565 9	0.183 7		
2008 - 10 - 15	0.315 9	60.242 9	2 990.00		14.560 1	0.124 5		
2008 - 12 - 15	—	36.469 8	832.50		9.210 6	0.074 2		
2009 - 01 - 05	—	2.864 0	1 455.00		4.816 0	0.016 0	2 032.635	1.397 0
2009 - 04 - 05	—	9.568 0	1 785.00		6.484 0	0.016 0	2 493.645	1.397 0
2009 - 07 - 01	—	4.815 0	2 310.00		7.313 0	0.028 0	3 227.070	1.397 0
2009 - 10 - 01	—	36.168 3	4 299.00		8.772 5	0.102 4	6 005.703	1.397 0
2010 - 01 - 10	—	58.643 1	2 768.00	5.40	14.349 8	0.087 0	2 380.000	1.123 0
2010 - 04 - 02	—		3 495.77	7.20	4.840 5	0.120 9	2 470.000	1.123 0
2010 - 07 - 04	—	—	3 464.00	1.80	6.928 8	0.352 1	3 010.000	1.123 0
2010 - 10 - 10	—	24.901 9	4 611.50	3.50	6.341 1	0.665 9	3 220.000	1.123 0
2011 - 01 - 03	0.121 0	16.870 9	3 100.00	4.90	2.553 6	0.071 6	3 610.000	1.164 5

（续）

采样日期	PO₄³⁻ (mg/L)	NO₃⁻ (mg/L)	矿化度 (mg/L)	DO (mg/L)	总氮 (mg/L)	总磷 (mg/L)	电导率 (mS/cm)	电导率与矿化 度换算系数
2011-07-03	0.300 8	47.338 5	2 690.00	3.80	13.810 8	0.320 9	3 290.000	1.223 0
2011-10-02	0.256 9	5.173 9	1 850.00	1.20	3.551 6	0.452 4	2 550.000	1.378 4
2014-01-09	—	60.560 0	2 768.00	4.91	13.632 3	0.087 0	2 380.000	1.163 0
2014-04-02	—	—	3 495.77	6.55	4.598 5	0.120 9	2 470.000	1.415 3
2014-07-04	—	—	3 464.00	1.64	6.582 4	0.352 1	3 010.000	1.150 8
2014-10-05	—	30.050 0	4 611.50	3.57	6.024 1	0.665 9	3 220.000	1.432 1
2015-01-05	—	60.560 0	2 768.00	4.91	13.632 3	0.087 0	2 380.000	0.859 8
2015-04-02	—	25.380 0	3 495.77	6.55	4.598 5	0.120 9	2 470.000	0.706 6
2015-07-04	—	—	3 464.00	1.64	6.582 4	0.352 1	3 010.000	0.868 9
2015-10-08	—	—	3 495.77	6.55	4.598 5	0.120 9	2 470.000	1.415 3

注："—"表示未检出，空白表示未测。

表 3-88　综合气象要素观测场中子管采样地地下潜水观测井地下水水质（一）

采样日期	pH	Ca²⁺ (mg/L)	Mg²⁺ (mg/L)	K⁺ (mg/L)	Na⁺ (mg/L)	CO₃²⁻ (mg/L)	HCO₃⁻ (mg/L)	Cl⁻ (mg/L)	SO₄²⁻ (mg/L)
2008-07-15	7.79	187.533	63.034	102.252	1 186.175	—	387.045 0	1 661.367 7	3 629.269 9
2008-10-15	7.96	191.360	3.502	65.078	1 133.237	—	541.863 0	1 494.801 8	2 870.047 6
2008-12-15	7.90	114.816	37.937	91.159	990.839	—	688.080 0	1 444.693 4	1 444.693 4
2009-01-05	7.95	151.360	23.082	37.541	1 508.297	—	254.912 9	652.839 0	2 759.196 0
2009-04-05	7.85	141.900	17.312	50.191	1 549.876	—	237.332 7	1 137.723 0	2 596.152 0
2009-07-01	7.33	189.200	46.165	48.820	2 200.142	—	364.789 2	1 336.474 0	3 605.728 0
2009-10-01	7.28	151.360	80.788	76.204	1 613.877	—	351.604 0	1 351.971 0	2 341.859 0
2010-01-10	7.33	781.912	289.100	127.763	4 638.084	—	633.198 3	1 845.440 0	3 051.420 0
2010-04-02	7.40	338.574	135.156	38.158	2 289.202	—	516.456 5	2 188.910 0	2 689.110 0
2010-07-04	7.54	875.304	286.169	91.490	4 522.869	—	656.610 1	1 624.080 0	2 570.960 0
2010-10-04	7.20	213.419	60.412	22.855	1 201.471	—	664.820 7	1 087.230 0	1 589.065 0
2011-01-03	7.82	480.000	61.000	75.000	3 250.000	—	659.013 5	2 698.000 0	4 000.000 0
2011-07-03	8.01	150.000	12.200	16.100	1 800.000	—	295.941 5	763.250 0	2 504.000 0
2011-10-02	7.91	190.000	24.400	20.700	1 900.000	—	488.823 5	976.250 0	2 576.000 0
2014-01-05	7.31	748.930	254.408	116.265	2 736.469	—	728.178 0	1 679.350 4	2 898.849 0
2014-04-02	7.60	338.574	118.937	34.723	2 174.742	—	593.925 0	1 991.908 1	2 554.654 5
2014-07-04	7.55	875.304	251.828	86.916	4 296.726	—	62.378 0	1 477.912 8	2 442.412 0
2014-10-04	7.22	213.419	53.162	21.712	1 141.398	—	631.579 7	989.379 3	1 509.611 8
2015-01-06	7.12	125.000	100.650	14.900	950.000	—	160.735 0	718.875 0	1 598.348 2
2015-04-05	7.76	150.000	85.400	27.800	1 543.750	—	693.051 5	1 349.000 0	1 582.494 0
2015-07-05	7.97	20.000	6.100	1.400	77.500	—	51.057 0	69.225 0	101.587 4
2015-10-08	7.22	213.419	53.162	21.712	1 141.398	—	631.579 7	989.379 3	1 509.611 8

注："—"表示未检出，空白表示未测。

表 3-89　综合气象要素观测场中子管采样地地下潜水观测井地下水水质（二）

采样日期	PO4³⁻ （mg/L）	NO3⁻ （mg/L）	矿化度 （mg/L）	DO （mg/L）	总氮 （mg/L）	总磷 （mg/L）	电导率 （mS/cm）	电导率与矿化 度换算系数
2008-07-15	—	6.658 2	7 320.00		1.993 5	0.022 6		
2008-10-15	—	10.236 3	6 370.00		2.920 5	0.059 8		
2008-12-15	—	3.012 4	4 862.50		0.846 3	0.021 1		
2009-01-05	—	—	5 660.00		0.400 0	0.006 0	7 907.020	1.397 0
2009-04-05	—	—	5 830.00		0.473 0	0.020 0	8 144.510	1.397 0
2009-07-01	—	—	7 810.00		0.976 0	0.030 0	10 910.570	1.397 0
2009-10-01	—	—	5 987.00		2.980 8	0.430 5	8 363.839	1.397 0
2010-01-10	—	—	12 314.12	4.60	0.606 6	0.041 3	9 120.000	1.123 0
2010-04-02	—	—	9 140.00	5.00	0.781 6	0.028 0	9 290.000	1.123 0
2010-07-04	—	—	10 784.83	1.90	4.449 4	0.274 2	8 690.000	1.123 0
2010-10-04	—	—	4 920.00	2.20	4.000 0	0.101 8	5 600.000	1.123 0
2011-01-03	0.138 0	6.527 6	11 409.51	5.60	0.303 3	0.218 0	12 250.000	1.073 7
2011-07-03	0.093 6	1.641 5	5 650.00	1.10	1.403 4	0.300 3	7 510.000	1.329 2
2011-10-02	0.148 4	1.747 3	6 254.41	0.90	1.172 2	0.110 4	7 880.000	1.259 9
2014-01-05	—	—	12 314.12	4.28	0.552 0	0.041 3	9 120.000	1.350 2
2014-04-02	—	—	9 140.00	4.65	0.711 2	0.028 0	9 290.000	0.983 9
2014-07-04	—	—	10 784.83	1.73	4.049 0	0.274 2	8 690.000	1.241 1
2014-10-04	—	—	4 920.00	2.00	3.640 0	0.101 8	5 600.000	0.878 6
2015-01-06	0.045 4	0.004 2	3 760.37	4.14	1.850 0	0.050 0	4 100.000	0.736 5
2015-04-05	0.009 2	0.009 2	5 566.53	3.96	2.110 0	0.110 0	5 960.000	1.070 7
2015-07-05	0.053 9	0.016 4	3 335.53	3.85	1.150 0	0.030 0	4 560.000	1.367 1
2015-10-08	—	—	4 920.00	2.00	3.640 0	0.101 8	5 600.000	1.138 2

注："—"表示未检出，空白表示未测。

3.3.3　地下水位数据集

3.3.3.1　概述

本数据集包括阿克苏站 2008—2015 年 2 个长期监测样地地下水位观测数据〔年、月、样地代码、植被名称、地下水埋深（m）、地面高程（m）〕。各观测点信息如下：综合观测场中子管采样地地下潜水位Ⅰ号观测井（AKAZH01CDX_01-Ⅰ）、综合观测场中子管采样地地下潜水位Ⅱ号观测井（AKAZH01CDX_01-Ⅱ）、气象要素观测场中子管采样地地下潜水位Ⅰ号观测井（AKAQX01CDX_01-Ⅰ）和气象要素观测场中子管采样地地下潜水位Ⅱ号观测井（AKAQX01CDX_01-Ⅱ）。

3.3.3.2　数据采集和处理方法

（1）观测方法。地下水位采用人工方法观测，按照中国生态系统研究网络监测规范要求每 5 天观测 1 次。

（2）数据处理方法。根据质控后的数据按样地的潜水观测井计算月平均数据，同一观测样地有两个观测井，分别计算出每个观测井的月平均值作为本数据产品的结果数据，同时标明了有效样本数和标准差。由于所有观测场及观测井均有相同的地面高程（1 028.0 m），数据表中已省略表述。

3.3.3.3　数据质量控制和评估

（1）数据获取过程的质量控制。严格翔实地记录调查时间，核查并记录样地名称、代码，真实记录样地地下水位数据。另外，人工观测在每次观测地下水位时应重复观测两次，取其平均值，两次误差不能超过 2 cm，否则重新测量。

（2）规范原始数据记录的质量控制措施。原始数据记录是保证各种数据问题的溯源查询依据，要求做到：数据真实、记录规范、书写清晰、数据及辅助信息完整等。使用专用、规范印制的数据记录表和记录本，根据本站调查任务制定年度工作调查记录本，按照调查内容和时间顺序依次排列，装订、定制成本。使用铅笔或黑色碳素笔规范整齐填写，原始数据不得删除或涂改，如记录或观测有误，需将原有数据轻画横线标记，并将审核后的正确数据记录在原数据旁或备注栏，并签名。

（3）数据质量评估。将所获取的数据与各项辅助信息数据以及历史数据信息进行比较和阈值检查，评价数据的正确性、一致性、完整性、可比性和连续性，对监测数据超出历史数据阈值范围进行校验，删除异常值或标注说明。经过水分监测负责人审核认定，批准后上报。

3.3.3.4　数据价值、数据使用方法和建议

地下水位表达了地下水的运动状态，地下水位长期观测是了解某一区域地下水位动态和水文循环过程，以及水资源状况的必要手段。本数据集可较好反映阿克苏灌区地下水位动态变化特征以及水资源状况，对当地农业生产、科研以及教学具有重要的参考价值。

3.3.3.5　数据

综合观测场及综合气象要素观测场中子管采样地地下潜水位观测井地下水埋深数据见表 3-90 至表 3-93。

表 3-90　综合观测场中子管采样地地下潜水位 I 号观测井地下水埋深

年份	月份	植被名称	地下水埋深（m）	标准差	有效数据（条）
2008	1	棉花	2.36	0.10	6
2008	2	棉花	2.44	0.10	6
2008	3	棉花	1.17	0.51	4
2008	4	棉花	1.83	0.25	6
2008	5	棉花	2.41	0.16	6
2008	6	棉花	2.57	0.22	7
2008	7	棉花	2.53	0.13	6
2008	8	棉花	2.53	0.13	7
2008	9	棉花	2.82	0.16	6
2008	10	棉花	3.02	0.17	6
2008	11	棉花	2.11	0.09	6
2008	12	棉花	2.26	0.19	6
2009	1	棉花	2.23	0.11	6
2009	2	棉花	1.96	0.74	6
2009	3	棉花	1.11	0.36	6
2009	4	棉花	2.00	0.32	6
2009	5	棉花	2.51	0.11	6
2009	6	棉花	2.50	0.22	6
2009	7	棉花	2.30	0.39	6
2009	8	棉花	2.46	0.37	6
2009	9	棉花	2.59	0.23	6

（续）

年份	月份	植被名称	地下水埋深（m）	标准差	有效数据（条）
2009	10	棉花	2.97	0.05	6
2009	11	棉花	1.65	0.50	6
2009	12	棉花	2.23	0.17	7
2010	1	棉花	2.63	0.10	6
2010	2	棉花	2.70	0.06	6
2010	3	棉花	1.38	0.64	6
2010	4	棉花	1.99	0.16	6
2010	5	棉花	2.32	0.09	6
2010	6	棉花	2.55	0.19	6
2010	7	棉花	2.41	0.16	6
2010	8	棉花	2.47	0.29	6
2010	9	棉花	2.55	0.16	6
2010	10	棉花	2.77	0.05	6
2010	11	棉花	2.45	0.40	6
2010	12	棉花	2.20	0.18	7
2011	1	棉花	2.80	0.16	6
2011	2	棉花	2.90	0.03	6
2011	3	棉花	1.66	0.23	2
2011	4	棉花	1.76	0.14	3
2011	5	棉花	1.58	0.03	6
2011	6	棉花	1.61	0.08	6
2011	7	棉花	1.61	0.10	6
2011	8	棉花	1.58	0.10	6
2011	9	棉花	2.34	0.35	6
2011	10	棉花	2.96	0.08	5
2011	11	棉花	2.61	0.50	5
2012	7	棉花	2.43	0.16	5
2012	8	棉花	2.47	0.29	6
2012	9	棉花	2.55	0.16	6
2012	10	棉花	2.77	0.05	6
2013	4	棉花	1.95	0.18	6
2013	5	棉花	2.25	0.12	6
2013	6	棉花	2.60	0.09	6
2013	7	棉花	2.30	0.15	5
2013	8	棉花	2.43	0.27	6
2013	9	棉花	2.54	0.16	6
2013	10	棉花	2.76	0.06	6
2014	1	棉花	3.11	0.11	6
2014	2	棉花	3.17	0.06	6

（续）

年份	月份	植被名称	地下水埋深（m）	标准差	有效数据（条）
2014	3	棉花	1.63	0.76	6
2014	4	棉花	2.32	0.21	6
2014	5	棉花	2.73	0.13	6
2014	6	棉花	3.01	0.23	6
2014	7	棉花	2.83	0.18	6
2014	8	棉花	2.89	0.33	6
2014	9	棉花	3.02	0.19	6
2014	10	棉花	3.27	0.07	6
2014	11	棉花	2.91	0.45	6
2014	12	棉花	2.59	0.22	7
2015	4	棉花	2.53	0.07	6
2015	5	棉花	2.52	0.05	6
2015	6	棉花	2.52	0.03	6
2015	7	棉花	2.52	0.07	6
2015	8	棉花	2.48	0.05	6
2015	9	棉花	2.60	0.07	6
2015	10	棉花	2.72	0.03	6

表 3 - 91　综合观测场中子管采样地地下潜水位 Ⅱ 号观测井地下水埋深

年份	月份	植被名称	地下水埋深（m）	标准差	有效数据（条）
2008	1	棉花	2.36	0.10	6
2008	2	棉花	2.48	0.09	6
2008	3	棉花	1.19	0.51	4
2008	4	棉花	1.88	0.26	6
2008	5	棉花	2.46	0.17	6
2008	6	棉花	2.61	0.26	7
2008	7	棉花	2.59	0.15	6
2008	8	棉花	2.53	0.19	7
2008	9	棉花	2.88	0.17	6
2008	10	棉花	3.09	0.16	6
2008	11	棉花	2.19	0.07	6
2008	12	棉花	2.28	0.22	6
2009	1	棉花	2.35	0.08	6
2009	2	棉花	2.04	0.73	6
2009	3	棉花	1.26	0.33	6
2009	4	棉花	2.07	0.25	6
2009	5	棉花	2.54	0.08	6
2009	6	棉花	2.54	0.19	6

（续）

年份	月份	植被名称	地下水埋深（m）	标准差	有效数据（条）
2009	7	棉花	2.36	0.31	6
2009	8	棉花	2.57	0.28	6
2009	9	棉花	2.66	0.16	6
2009	10	棉花	2.96	0.05	6
2009	11	棉花	1.66	0.42	6
2009	12	棉花	2.25	0.15	7
2010	1	棉花	2.62	0.07	6
2010	2	棉花	2.66	0.05	6
2010	3	棉花	1.36	0.59	6
2010	4	棉花	2.00	0.19	6
2010	5	棉花	2.39	0.10	6
2010	6	棉花	2.67	0.12	6
2010	7	棉花	2.61	0.06	6
2010	8	棉花	2.66	0.21	6
2010	9	棉花	2.67	0.12	6
2010	10	棉花	2.87	0.07	6
2010	11	棉花	2.57	0.41	6
2010	12	棉花	2.31	0.19	7
2011	1	棉花	2.70	0.14	6
2011	2	棉花	2.80	0.03	6
2011	3	棉花	1.49		1
2011	4	棉花	1.71	0.14	3
2011	5	棉花	1.45	0.11	6
2011	6	棉花	1.45	0.11	6
2011	7	棉花	1.50	0.07	6
2011	8	棉花	1.48	0.06	6
2011	9	棉花	2.29	0.35	6
2011	10	棉花	2.89	0.07	5
2011	11	棉花	2.54	0.49	5
2012	7	棉花	2.56	0.14	7
2012	8	棉花	2.66	0.21	6
2012	9	棉花	2.67	0.12	6
2012	10	棉花	2.87	0.07	6
2014	1	棉花	3.10	0.09	6
2014	2	棉花	3.15	0.05	6
2014	3	棉花	1.60	0.70	6
2014	4	棉花	2.36	0.22	6
2014	5	棉花	2.82	0.11	6
2014	6	棉花	3.15	0.14	6

（续）

年份	月份	植被名称	地下水埋深（m）	标准差	有效数据（条）
2014	7	棉花	3.08	0.07	6
2014	8	棉花	3.14	0.24	6
2014	9	棉花	3.15	0.14	6
2014	10	棉花	3.39	0.09	6
2014	11	棉花	3.04	0.49	6
2014	12	棉花	2.71	0.23	7

表 3 - 92　综合气象要素观测场中子管采样地潜水位 I 号观测井地下水埋深

年份	月份	植被名称	地下水埋深（m）	标准差	有效数据（条）
2008	1	裸地	2.67	0.09	6
2008	2	裸地	2.78	0.10	6
2008	3	裸地	1.41	0.50	6
2008	4	裸地	2.17	0.25	6
2008	5	裸地	2.76	0.20	6
2008	6	裸地	2.99	0.13	6
2008	7	裸地	2.88	0.11	6
2008	8	裸地	2.94	0.08	6
2008	9	裸地	3.18	0.09	6
2008	10	裸地	3.39	0.09	6
2008	11	裸地	2.49	0.08	6
2008	12	裸地	2.59	0.23	6
2009	1	裸地	2.83	0.11	6
2009	2	裸地	2.63	0.50	6
2009	3	裸地	1.66	0.27	6
2009	4	裸地	2.30	0.18	6
2009	5	裸地	2.75	0.12	6
2009	6	裸地	2.99	0.06	6
2009	7	裸地	2.76	0.18	6
2009	8	裸地	3.05	0.09	6
2009	9	裸地	3.11	0.09	6
2009	10	裸地	3.19	0.28	6
2009	11	裸地	2.02	0.29	6
2009	12	裸地	2.60	0.11	6
2010	1	裸地	2.91	0.07	6
2010	2	裸地	2.99	0.04	6
2010	3	裸地	1.72	0.57	6
2010	4	裸地	2.43	0.31	6
2010	5	裸地	2.78	0.10	6

（续）

年份	月份	植被名称	地下水埋深（m）	标准差	有效数据（条）
2010	6	裸地	3.08	0.05	6
2010	7	裸地	3.04	0.04	6
2010	8	裸地	3.08	0.09	6
2010	9	裸地	3.08	0.08	6
2010	10	裸地	3.22	0.05	6
2010	11	裸地	2.88	0.38	6
2010	12	裸地	2.68	0.16	6
2011	1	裸地	3.14	0.11	6
2011	2	裸地	3.26	0.03	6
2011	3	裸地	2.54	0.41	6
2011	4	裸地	2.21	0.10	6
2011	5	裸地	2.10	0.03	6
2011	6	裸地	2.14	0.08	6
2011	7	裸地	2.20	0.04	6
2011	8	裸地	2.19	0.07	6
2011	9	裸地	2.80	0.28	6
2011	10	裸地	3.30	0.04	5
2011	11	裸地	2.84	0.50	7
2013	4	裸地	2.34	0.23	6
2013	5	裸地	2.80	0.10	6
2013	6	裸地	3.04	0.14	6
2013	7	裸地	3.13	0.09	6
2013	8	裸地	3.09	0.09	6
2013	9	裸地	3.09	0.09	6
2013	10	裸地	3.24	0.06	6
2014	1	裸地	3.35	0.14	6
2014	2	裸地	3.38	0.20	6
2014	3	裸地	1.97	0.55	6
2014	4	裸地	2.87	0.36	6
2014	5	裸地	3.21	0.10	6
2014	6	裸地	3.59	0.14	6
2014	7	裸地	3.45	0.25	6
2014	8	裸地	3.63	0.10	6
2014	9	裸地	3.63	0.09	6
2014	10	裸地	3.80	0.07	6
2014	11	裸地	3.32	0.37	6
2014	12	裸地	3.16	0.18	6
2015	4	裸地	2.61	0.04	6
2015	5	裸地	2.59	0.04	6

（续）

年份	月份	植被名称	地下水埋深（m）	标准差	有效数据（条）
2015	6	裸地	2.60	0.04	6
2015	7	裸地	2.61	0.04	6
2015	8	裸地	2.64	0.04	6
2015	9	裸地	2.65	0.04	6
2015	10	裸地	2.67	0.02	6

表 3-93　综合气象要素观测场中子管采样地潜水位Ⅱ号观测井地下水埋深

年份	月份	植被名称	地下水埋深（m）	标准差	有效数据（条）
2008	1	裸地	2.65	0.08	6
2008	2	裸地	2.76	0.09	6
2008	3	裸地	1.37	0.49	6
2008	4	裸地	2.15	0.25	6
2008	5	裸地	2.73	0.20	6
2008	6	裸地	2.96	0.13	6
2008	7	裸地	2.86	0.09	6
2008	8	裸地	2.92	0.08	6
2008	9	裸地	3.17	0.09	6
2008	10	裸地	3.35	0.14	6
2008	11	裸地	2.47	0.07	6
2008	12	裸地	2.58	0.23	6
2009	1	裸地	2.83	0.11	6
2009	2	裸地	2.65	0.50	6
2009	3	裸地	1.67	0.26	6
2009	4	裸地	2.31	0.17	6
2009	5	裸地	2.76	0.13	6
2009	6	裸地	3.00	0.06	6
2009	7	裸地	2.77	0.18	6
2009	8	裸地	3.06	0.10	6
2009	9	裸地	3.14	0.09	6
2009	10	裸地	3.20	0.29	6
2009	11	裸地	2.05	0.29	6
2009	12	裸地	2.61	0.13	6
2010	1	裸地	2.93	0.06	6
2010	2	裸地	3.00	0.04	6
2010	3	裸地	1.73	0.56	6
2010	4	裸地	2.43	0.31	6
2010	5	裸地	2.80	0.10	6
2010	6	裸地	3.10	0.05	6

（续）

年份	月份	植被名称	地下水埋深（m）	标准差	有效数据（条）
2010	7	裸地	3.06	0.03	6
2010	8	裸地	3.09	0.09	6
2010	9	裸地	3.09	0.09	6
2010	10	裸地	3.24	0.06	6
2010	11	裸地	2.93	0.40	6
2010	12	裸地	2.69	0.14	6
2011	1	裸地	3.14	0.12	6
2011	2	裸地	3.27	0.03	6
2011	3	裸地	2.54	0.39	6
2011	4	裸地	2.21	0.11	6
2011	5	裸地	2.11	0.03	6
2011	6	裸地	2.15	0.08	6
2011	7	裸地	2.21	0.05	6
2011	8	裸地	2.22	0.06	6
2011	9	裸地	2.81	0.28	6
2011	10	裸地	3.32	0.05	5
2011	11	裸地	2.84	0.50	7
2014	1	裸地	3.44	0.08	6
2014	2	裸地	3.54	0.05	6
2014	3	裸地	2.04	0.66	6
2014	4	裸地	2.87	0.36	6
2014	5	裸地	3.31	0.12	6
2014	6	裸地	3.64	0.10	6
2014	7	裸地	3.61	0.03	6
2014	8	裸地	3.65	0.11	6
2014	9	裸地	3.63	0.12	6
2014	10	裸地	3.82	0.07	6
2014	11	裸地	3.46	0.47	6
2014	12	裸地	3.16	0.20	6

3.3.4 水面蒸发数据集

3.3.4.1 概述

本数据集包括阿克苏站 2008—2015 年气象要素观测场（AKAQX01）E601 水面蒸发器水面蒸发量的观测数据（年、月、样地代码和月蒸发量），计量单位为 mm。

3.3.4.2 数据采集和处理方法

（1）观测方法。每日 08 时和 20 时人工观测记录 E601 水面蒸发器的水位高度，计算前后两次水位高度差代表当日蒸发量。

（2）数据处理方法。

①观测的辅助项目,可与水气压力差、气温和风速的日平均值进行对照。水气压力差、气温和风速愈大,则水面蒸发量愈大。逐日水面蒸发量与逐日气温、风速进行对照,对突出偏大、偏小确属不合理的水面蒸发量,参照有关因素和邻站资料进行改正。

②当缺测日的天气状况前后大致相似时,根据前后观测值直线内插获得缺测日蒸发量数据;若连续缺测日较多时,利用当历年积累的 20 cm 口径蒸发器数据与 E601 型蒸发器数据比测分析所得的系数进行换算补漏数据。

③利用质控后的日蒸发量数据累加形成月数据。

3.3.4.3　数据质量控制和评估

(1)数据获取过程的质量控制。严格翔实地记录调查时间,核查并记录样地名称、代码,真实记录每日实测数据。另外,对于 E601 水面蒸发器的维护,严格参考水利行业标准《水面蒸发观测规范》(SD 265—1988)执行。

(2)规范原始数据记录的质控措施。原始数据记录是保证各种数据问题的溯源查询依据,要求做到:数据真实、记录规范、书写清晰、数据及辅助信息完整等。使用专用、规范印制的数据记录表和记录本,根据本站调查任务制定年度工作调查记录本,按照调查内容和时间顺序依次排列,装订、定制成本。使用铅笔或黑色碳素笔规范整齐填写,原始数据不得删除或涂改,如记录或观测有误,需将原有数据轻画横线标记,并将审核后的正确数据记录在原数据旁或备注栏,并签名。

(3)数据质量评估。将所获取的数据与各项辅助信息数据以及历史数据信息进行比较和阈值检查,评价数据的正确性、一致性、完整性、可比性和连续性,对监测数据超出历史数据阈值范围的进行校验,删除异常值或标注说明。经过水分监测负责人审核认定,批准后上报。

3.3.4.4　数据价值、数据使用方法和建议

水面蒸发是水文循环的一个重要环节,也是研究陆面蒸发的基本参数,在水资源评价、水文模型和地气能量交换过程研究中是重要的参考资料。

阿克苏站地处极端干旱区,长期的水面蒸发观测数据能反映极端干旱区的水面蒸发特征,不仅对当地农业生产、科研和教学工作具有重要的参考价值,而且对陆地生态系统水面蒸发的联网研究更具有重要意义。

3.3.4.5　数据

人工观测月蒸发量数据见表 3-94。

表 3-94　人工观测月蒸发量

年份	月份	样地代码	月蒸发量(mm)
2008	4	AKAQX01	136.3
2008	5	AKAQX01	210.1
2008	6	AKAQX01	245
2008	7	AKAQX01	192.5
2008	8	AKAQX01	197.5
2008	9	AKAQX01	145.5
2008	10	AKAQX01	87.7
2009	4	AKAQX01	152.8
2009	5	AKAQX01	205.6
2009	6	AKAQX01	242
2009	7	AKAQX01	230

（续）

年份	月份	样地代码	月蒸发量（mm）
2009	8	AKAQX01	218.4
2009	9	AKAQX01	151
2009	10	AKAQX01	107.3
2010	4	AKAQX01	139
2010	5	AKAQX01	200.3
2010	6	AKAQX01	198.2
2010	7	AKAQX01	200
2010	8	AKAQX01	205.1
2010	9	AKAQX01	123.8
2010	10	AKAQX01	90.4
2011	4	AKAQX01	154.7
2011	5	AKAQX01	186.9
2011	6	AKAQX01	207.4
2011	7	AKAQX01	208.6
2011	8	AKAQX01	187.3
2011	9	AKAQX01	137.2
2011	10	AKAQX01	93.3
2012	4	AKAQX01	156.9
2012	5	AKAQX01	204.9
2012	6	AKAQX01	201
2012	7	AKAQX01	185.7
2012	8	AKAQX01	186.3
2012	9	AKAQX01	153.5
2012	10	AKAQX01	97.7
2013	4	AKAQX01	143.4
2013	5	AKAQX01	202.3
2013	6	AKAQX01	219.8
2013	7	AKAQX01	209.1
2013	8	AKAQX01	203.9
2013	9	AKAQX01	131.7
2013	10	AKAQX01	99.6
2014	4	AKAQX01	157.1
2014	5	AKAQX01	195.5
2014	6	AKAQX01	185.5
2014	7	AKAQX01	221.1
2014	8	AKAQX01	162.8
2014	9	AKAQX01	143.4
2014	10	AKAQX01	101.9
2015	4	AKAQX01	141.6

（续）

年份	月份	样地代码	月蒸发量（mm）
2015	5	AKAQX01	180.7
2015	6	AKAQX01	193.3
2015	7	AKAQX01	205.4
2015	8	AKAQX01	154.5
2015	9	AKAQX01	116.6
2015	10	AKAQX01	90

3.3.5　雨水水质数据集

3.3.5.1　概述

本数据集包括阿克苏站 2008—2015 年气象综合观测场（AKAQX01）雨水水质监测数据（年份、月份、样地代码，pH、矿化度、硫酸根、非溶性物质总含量和电导率）。

3.3.5.2　数据采集和处理方法

①观测样地。按照中国生态系统研究网络水分长期观测规范，雨水水质监测频率为每月一次。但阿克苏站年平均降水不到 50 mm，一年中大部分月份很难收集到足够的雨水，故采样频率由实际降水情况而定。监测目标为气象综合观测场雨水采集器（AKAQX01CYS_01）。

②观测方法。雨水样品采集自观测场内的雨量器，收集后置于水样瓶中密闭后送回实验室分析测试。雨水采集按照实际降雨频率为准，如果一次雨水样品过少，则混合当月多次收集的降雨进行混合样品的测试分析。

③数据处理方法。雨水水样在送回实验室后，pH 采用玻璃电极法测定；矿化度和非溶性物质总含量采用质量法测定；硫酸根采用离子色谱法测定；电导率利用电导率仪进行测定。根据质控后的分析数据结果出版原始数据。

3.3.5.3　数据质量控制和评估

（1）数据获取过程的质量控制。严格翔实地记录采样时间，核查并记录样地名称、代码。

（2）规范原始数据记录的质控措施。原始数据记录是保证各种数据问题的溯源查询依据，要求做到：数据真实、记录规范、书写清晰、数据及辅助信息完整等。使用专用、规范印制的数据记录表和记录本，根据本站调查任务制定年度工作调查记录本，按照调查内容和时间顺序依次排列，装订、定制成本。使用铅笔或黑色碳素笔规范整齐填写，原始数据不得删除或涂改，如记录或观测有误，需将原有数据轻画横线标记，并将审核后的正确数据记录在原数据旁或备注栏，并签名。

（3）数据质量评估。按照《中国生态系统研究网络（CERN）长期观测质量管理规范》丛书《陆地生态系统水环境观测质量保证与质量控制》的相关规定执行，样品采集和运输过程增加采样空白和运输空白，实验室分析测定时插入了国家标准样品进行质量控制；将所获取的数据与各项辅助信息数据以及历史数据信息进行比较和阈值检查，评价数据的正确性、一致性、完整性、可比性和连续性，对监测数据超出历史数据阈值范围的进行校验，删除异常值或标注说明。经过水分监测负责人和站长审核认定，批准后上报。

3.3.5.4　数据价值、数据使用方法和建议

农田生态系统雨水水质的监测是监测农田面源污染的重要组成部分，雨水水质不但可以反映农田生态系统水循环的特征，同时还可以反映农田生产活动对雨水水质的影响。

本数据集能较好反映阿克苏绿洲雨水水质的特征，对当地的农业生产、科研和教学具有较高参考

价值。

3.3.5.5 数据

雨水水质数据见表 3 - 95。

表 3 - 95　雨水水质

年份	月份	样地代码	pH	矿化度 （mg/L）	硫酸根离子 （mg/L）	非溶性物质总 含量（mg/L）	电导率 （mS/cm）
2008	1	AKAQX01	7.11	272.50	157.576 2	145.00	
2008	2	AKAQX01	7.45		19.540 4	150.00	
2008	6	AKAQX01	7.59	155.00	61.787 0	206.80	
2008	7	AKAQX01	7.69	87.50	38.798 7	208.00	
2008	8	AKAQX01	7.72	92.50	37.740 6	332.00	
2008	9	AKAQX01	7.70	112.50	53.042 8	972.00	
2008	10	AKAQX01	7.80	87.50	34.956 1	357.27	
2009	6	AKAQX01	7.47	460.00	127.932 0	478.00	642.620
2009	7	AKAQX01	7.96	320.00	104.633 0	398.00	447.040
2010	2	AKAQX01	5.86	290.15	54.133 0		280.000
2010	6	AKAQX01	8.38	1 392.00	466.760 0		1 590.000
2010	7	AKAQX01	7.39	351.46	25.905 0		260.000
2010	9	AKAQX01	7.74	114.32	8.934 8		85.000
2010	10	AKAQX01	7.14	189.73	14.230 2		116.000
2011	4	AKAQX01	7.91	440.00	150.400 0	1 800.00	969.000
2011	5	AKAQX01	7.82	755.00	215.200 0	40.00	1 577.000
2011	5	AKAQX01	7.05	415.00	104.800 0	340.00	943.000
2011	5	AKAQX01	7.49	460.00	100.000 0	900.00	973.000
2011	6	AKAQX01	7.63	560.00	193.600 0	40.00	1 214.000
2011	8	AKAQX01	7.66	460.00	133.600 0	100.00	1 038.000
2012	3	AKAQX01	7.23	415.00	81.600 0	2 491.67	577.000
2012	6	AKAQX01	7.47	205.00	26.400 0	865.00	293.000
2012	6	AKAQX01	7.38	360.00	57.600 0	1 294.83	459.000
2012	6	AKAQX01	7.78	110.00	27.600 0	100.00	133.800
2012	7	AKAQX01	7.38	285.00	81.600 0	635.00	449.000
2012	7	AKAQX01	7.78	100.00	22.800 0	51.67	124.700
2012	8	AKAQX01	7.73	180.00	43.200 0	780.00	271.000
2013	5	AKAQX01	7.67	428.00	111.500 0	1 772.80	607.900
2013	6	AKAQX01	7.56	309.50	50.910 0	673.80	443.800
2013	7	AKAQX01	8.33	181.00	46.310 0	598.80	267.600
2013	9	AKAQX01	7.50	170.20	41.200 0	801.80	252.300
2014	5	AKAQX01	7.44	5 070.00	1 043.000 0	263.82	6 249.000

（续）

年份	月份	样地代码	pH	矿化度 （mg/L）	硫酸根离子 （mg/L）	非溶性物质总 含量（mg/L）	电导率 （mS/cm）
2014	6	AKAQX01	8.11	411.40	128.400 0	619.78	587.600
2014	7	AKAQX01	7.61	560.10	114.700 0	0.58	795.500
2014	8	AKAQX01	7.67	1 632.00	450.700 0	208.43	2 195.000
2015	5	AKAQX01	7.56		112.600 0	1 627.60	689.800
2015	6	AKAQX01	6.65		23.820 0	128.00	217.800
2015	8	AKAQX01	7.59		67.860 0	483.56	318.500
2015	9	AKAQX01	7.36		16.810 0	303.56	107.100

3.4　气象观测数据

3.4.1　气温数据集

3.4.1.1　概述

本数据集包括阿克苏站 2008—2015 年气象要素观测场（AKAQX01）月平均气温观测数据（年、月、气温和有效数据），计量单位为℃。

3.4.1.2　数据采集和处理方法

数据获取方法：数据来自气象要素观测场内自动气象站 HMP45D 温度传感器观测。每 10 s 采测 1 个温度值，每分钟采测 6 个温度值，去除一个最大值和一个最小值后取平均值，作为每分钟的温度值存储。正点时采测 00 min 的温度值作为正点数据存储。

数据产品处理方法：

（1）原始数据由系统软件自动统计获得每小时平均值，由每小时平均气温值计算日平均值。

（2）用质量控制后的日均值合计值除以日数获得月平均值。日平均值缺测 6 次或者以上时，以同期人工观测数据补充做月统计。

3.4.1.3　数据质量控制和评估

（1）超出气候学界限值域−80～60℃的数据为错误数据。

（2）1 min 内允许的最大变化值为 3℃，1 h 内变化幅度的最小值为 0.1℃。

（3）定时气温大于等于日最低地温且小于等于日最高气温。

（4）气温大于等于露点温度。

（5）24 h 气温变化范围小于 50℃。

（6）某一定时气温缺测时，与同期人工观测数据建立回归模型进行插补。

（7）一日中若 24 次定时观测记录有缺测时，该日按照 02 时、08 时、14 时、20 时 4 次定时记录做日平均，若 4 次定时记录缺测 1 次或以上，但该日各定时记录缺测 5 次或以下时，按实有记录做日统计，缺测 6 次或以上时，不做日平均。一月中日均值缺测 7 次或以上时，该月不做月统计，按缺测处理。

3.4.1.4　数据价值、数据使用方法和建议

阿克苏站代表了塔里木河上游典型的绿洲灌区农田生态系统，其气温数据反映了农田生态系统小气候的气温特征，对当地的农业生产、科研和教学具有较高参考价值。

3.4.1.5　数据

气温数据见表 3−96。

表 3 - 96　气　　温

年份	月份	气温（℃）	有效数据（条）	年份	月份	气温（℃）	有效数据（条）
2008	1	−9.4	31	2011	3	5.2	27
2008	2	−7.3	29	2011	4	17.1	30
2008	3	9.9	31	2011	5	21.4	30
2008	4	15.9	30	2011	6	25.0	29
2008	5	25.0	31	2011	7	25.8	31
2008	6	26.4	30	2011	8	24.6	31
2008	7	24.2	28	2011	9	20.2	30
2008	8	24.8	31	2011	10	12.9	26
2008	9	19.5	30	2011	11	3.7	29
2008	10	11.8	31	2011	12	−5.2	31
2008	11	3.2	30	2012	1	−10.7	31
2008	12	−3.4	31	2012	2	−2.9	25
2009	1	−6.6	31	2012	3	7.9	31
2009	2	−0.1	28	2012	4	18.2	30
2009	3	8.3	31	2012	5	22.7	31
2009	4	17.8	29	2012	6	24.3	30
2009	5	21.2	31	2012	7	24.5	31
2009	6	24.8	30	2012	8	25.0	31
2009	7	24.8	31	2012	9	21.4	30
2009	8	24.6	31	2012	10	11.9	31
2009	9	19.4	30	2012	11	0.0	28
2009	10	13.8	31	2012	12	−6.0	31
2009	11	2.4	30	2013	1	−8.1	31
2009	12	−4.0	31	2013	2	−0.6	28
2010	1	−6.6	28	2013	3	10.3	31
2010	2	−1.4	28	2013	4	17.4	27
2010	3	7.8	29	2013	5	21.7	30
2010	4	14.0	26	2013	6	24.3	30
2010	5	20.8	31	2013	7	25.6	31
2010	6	24.7	30	2013	8	25.9	31
2010	7	24.7	31	2013	9	19.6	30
2010	8	25.2	31	2013	10	12.3	31
2010	9	18.6	30	2013	11	1.5	29
2010	10	12.2	31	2013	12	−3.9	31
2010	11	3.6	30	2014	1	−6.3	31
2010	12	−6.1	31	2014	2	−1.4	28
2011	1	−11.1	31	2014	3	7.7	31
2011	2	0.8	28	2014	4	15.7	30

（续）

年份	月份	气温（℃）	有效数据（条）	年份	月份	气温（℃）	有效数据（条）
2014	5	21.5	30	2015	3	8.8	31
2014	6	22.9	30	2015	4	16.9	30
2014	7	26.2	31	2015	5	22.7	31
2014	8	23.3	31	2015	6	24.0	30
2014	9	20.6	30	2015	7	28.9	31
2014	10	13.8	31	2015	8	23.8	31
2014	11	1.8	30	2015	9	17.4	30
2014	12	−6.4	31	2015	10	11.8	31
2015	1	−5.1	31	2015	11	3.8	30
2015	2	0.0	28	2015	12	−3.2	31

3.4.2　相对湿度数据集

3.4.2.1　概述

本数据集包括阿克苏站 2008—2015 年气象要素观测场（AKAQX01）月平均相对湿度观测数据（年、月、相对湿度和有效数据），计量单位为％。

3.4.2.2　数据采集和处理方法

数据获取方法：数据来自气象要素观测场内自动气象站 HMP45 D 湿度传感器观测。每 10 s 采测 1 个湿度值，每分钟采测 6 个湿度值，去除 1 个最大值和 1 个最小值后取平均值，作为每分钟的湿度值存储。正点时采测 00 min 的湿度值作为正点数据存储。

数据产品处理方法：

（1）原始数据由系统软件自动统计获得，由每小时平均相对湿度值计算日平均值。

（2）用质量控制后的日均值合计值除以日数获得月平均值。日平均值缺测 6 次或者以上时，以同期人工观测数据补充做月统计。

3.4.2.3　数据质量控制和评估

（1）相对湿度介于 0～100％之间。

（2）定时相对湿度大于等于日最小相对湿度。

（3）干球温度大于等于湿球温度（结冰期除外）。

（4）某一定时相对湿度缺测时，与同期人工观测数据建立回归模型进行插补。

（5）一日中若 24 次定时观测记录有缺测时，该日按照 02 时、08 时、14 时、20 时 4 次定时记录做日平均，若 4 次定时记录缺测 1 次或以上，但该日各定时记录缺测 5 次或以下时，按实有记录做日统计，缺测 6 次或以上时，不做日平均。一月中日均值缺测 7 次或以上时，该月不做月统计，按缺测处理。

3.4.2.4　数据价值、数据使用方法和建议

阿克苏站代表了塔里木河上游典型的绿洲灌区农田生态系统，其相对湿度数据真实反映了农田生态系统小气候的相对湿度特征，对当地的农业生产、科研和教学具有较高参考价值。

3.4.2.5　数据

相对湿度数据见表 3 - 97。

表 3 - 97　相对湿度

年份	月份	相对湿度（%）	有效数据（条）	年份	月份	相对湿度（%）	有效数据（条）
2008	1	76	31	2011	3	49	27
2008	2	73	29	2011	4	37	30
2008	3	47	31	2011	5	42	30
2008	4	33	30	2011	6	45	29
2008	5	31	31	2011	7	47	31
2008	6	40	30	2011	8	53	31
2008	7	59	28	2011	9	55	30
2008	8	50	31	2011	10	56	26
2008	9	55	30	2011	11	71	29
2008	10	61	31	2011	12	77	31
2008	11	63	30	2012	1	78	31
2008	12	70	31	2012	2	64	25
2009	1	65	31	2012	3	59	31
2009	2	55	28	2012	4	39	30
2009	3	45	31	2012	5	40	31
2009	4	30	29	2012	6	46	30
2009	5	26	31	2012	7	56	31
2009	6	38	30	2012	8	54	31
2009	7	48	31	2012	9	52	30
2009	8	48	31	2012	10	51	31
2009	9	56	30	2012	11	60	28
2009	10	54	31	2012	12	73	31
2009	11	69	30	2013	1	71	31
2009	12	71	31	2013	2	59	28
2010	1	63	28	2013	3	46	31
2010	2	75	28	2013	4	31	27
2010	3	54	29	2013	5	40	30
2010	4	36	26	2013	6	47	30
2010	5	39	31	2013	7	56	31
2010	6	52	30	2013	8	55	31
2010	7	54	31	2013	9	55	30
2010	8	51	31	2013	10	55	31
2010	9	62	30	2013	11	69	29
2010	10	66	31	2013	12	76	31
2010	11	68	30	2014	1	66	31
2010	12	71	31	2014	2	59	28
2011	1	62	31	2014	3	51	31
2011	2	56	28	2014	4	30	30

（续）

年份	月份	相对湿度（%）	有效数据（条）	年份	月份	相对湿度（%）	有效数据（条）
2014	5	25	30	2015	3	49	31
2014	6	49	30	2015	4	39	30
2014	7	46	31	2015	5	42	31
2014	8	57	31	2015	6	50	30
2014	9	61	30	2015	7	50	31
2014	10	57	31	2015	8	59	31
2014	11	71	30	2015	9	63	30
2014	12	72	31	2015	10	60	31
2015	1	74	31	2015	11	69	30
2015	2	66	28	2015	12	75	31

3.4.3　降水数据集

3.4.3.1　概述

本数据集包括阿克苏站 2008—2015 年气象要素观测场（AKAQX01）月平均相对湿度观测数据（年、月、月累计降水量和有效数据），计量单位为 mm。

3.4.3.2　数据采集和处理方法

数据获取方法：利用气象要素观测场布设的人工观测雨（雪）量器每天 08 时和 20 时观测前 12 h 的累积降水量（单位：mm）。观测频率：每日 2 次（北京时间 8：00，20：00），观测层次为距地面高度 70 cm，冬季积雪超过 30 cm 时距地面高度 1.0～1.2 m。

数据产品处理方法：

（1）降水量的日总量由该日 08 时和 20 时降水量观测值累加获得。一日中定时记录缺测一次，另一定时记录未缺测时，按实有记录做日合计，全天缺测时不做日合计。

（2）月累计降水量由日总量累加而得。

（3）一月中降水量缺测 6 天或以下时，按实有记录做月合计，缺测 7 天或以上时，该月不做月合计，按缺测处理。

3.4.3.3　数据质量控制和评估

（1）规范原始数据记录的质量控制措施。原始数据记录是保证各种数据问题的溯源查询依据，要求做到：数据真实、记录规范、书写清晰、数据及辅助信息完整等。使用气象局专用、规范印制的气象数据记录本每日记录。使用铅笔规范整齐填写，原始数据不得删除或涂改，如记录或观测有误，需将原有数据轻画横线标记，并将审核后的正确数据记录在原数据旁或备注栏，并签名。

（2）数据质量评估。将所获取的数据与各项辅助信息数据以及历史数据信息进行比较和阈值检查，评价数据的正确性、一致性、完整性、可比性和连续性，对监测数据超出历史数据阈值范围的进行校验，删除异常值或标注说明。经过气象监测负责人审核认定，批准后上报。

（3）降雨强度超出气候学界限值域 0～400 mm/min 的数据为错误数据。

（4）降水量大于 0.0 mm 或者微量时，应有降水或者降雪天气现象。

3.4.3.4　数据价值、数据使用方法和建议

阿克苏站代表了塔里木河上游典型的绿洲灌区农田生态系统，其降水数据真实反映了农田生态系统小气候的降水特征，对当地的农业生产、科研和教学具有较高参考价值。

3.4.3.5　数据

人工观测降水量数据见表3-98。

表3-98　人工观测降水量

年份	月份	月累计降水量（mm）	有效数据（条）	年份	月份	月累计降水量（mm）	有效数据（条）
2008	1	6.1	31	2011	1	0.0	31
2008	2	0.9	29	2011	2	0.0	28
2008	3	0.0	31	2011	3	0.0	31
2008	4	0.0	30	2011	4	7.5	30
2008	5	0.0	31	2011	5	13.0	31
2008	6	24.5	30	2011	6	10.8	30
2008	7	24.7	31	2011	7	0.0	31
2008	8	15.8	31	2011	8	4.6	31
2008	9	7.8	30	2011	9	2.3	30
2008	10	8.1	31	2011	10	0.0	31
2008	11	0.0	30	2011	11	0.0	30
2008	12	0.1	31	2011	12	0.0	31
2009	1	0.0	31	2012	1	1.2	31
2009	2	0.0	28	2012	2	0.0	29
2009	3	0.0	31	2012	3	4.3	31
2009	4	0.0	30	2012	4	0.0	30
2009	5	0.0	31	2012	5	1.3	31
2009	6	15.9	30	2012	6	33.3	30
2009	7	18.3	31	2012	7	20.9	31
2009	8	0.0	31	2012	8	4.5	31
2009	9	2.4	30	2012	9	1.0	30
2009	10	0.0	31	2012	10	0.0	31
2009	11	1.4	30	2012	11	0.0	30
2009	12	0.1	31	2012	12	0.4	31
2010	1	0.0	31	2013	1	0.0	31
2010	2	12.8	28	2013	2	0.0	28
2010	3	0.0	31	2013	3	0.0	31
2010	4	0.0	30	2013	4	0.0	30
2010	5	0.2	31	2013	5	28.2	31
2010	6	15.4	30	2013	6	7.2	30
2010	7	13.2	31	2013	7	28.8	31
2010	8	2.3	31	2013	8	0.0	31
2010	9	21.3	30	2013	9	14.2	30
2010	10	15.4	31	2013	10	0.0	31
2010	11	0.2	30	2013	11	0.0	30
2010	12	0.0	31	2013	12	0.0	31

（续）

年份	月份	月累计降水量（mm）	有效数据（条）	年份	月份	月累计降水量（mm）	有效数据（条）
2014	1	0.0	31	2015	1	5.9	31
2014	2	0.0	28	2015	2	0.0	28
2014	3	0.0	31	2015	3	0.0	31
2014	4	0.0	30	2015	4	0.0	30
2014	5	1.1	31	2015	5	24.0	31
2014	6	45.2	30	2015	6	25.2	30
2014	7	0.6	31	2015	7	1.2	31
2014	8	16.0	31	2015	8	25.1	31
2014	9	0.4	30	2015	9	18.0	30
2014	10	0.9	31	2015	10	0.0	31
2014	11	9.2	30	2015	11	0.0	30
2014	12	0.0	31	2015	12	2.2	31

3.4.4　10 min 风速数据集

3.4.4.1　概述

本数据集包括阿克苏站 2008—2015 年气象要素观测场（AKAQX01）月平均 10 min 平均风速观测数据（年、月、10 min 平均风速和有效数据），计量单位为 m/s。

3.4.4.2　数据采集和处理方法

数据获取方法：数据来自气象综合观测场自动气象站的 WAA151 风速传感器观测，每秒采测 1 次风速数据，以 1 s 为步长求 3 s 滑动平均值，以 3 s 为步长求 1 min 滑动平均风速，然后以 1 min 为步长求 10 min 滑动平均风速。正点时存储 00 min 的 10 min 平均风速值。

数据产品处理方法：

（1）原始数据由系统软件自动统计，由每小时平均风速值计算日平均值。

（2）用质控后的日均值合计值除以日数获得月平均值。日平均值缺测 6 次或者以上时，不做月统计。

3.4.4.3　数据质量控制和评估

（1）超出气候学界限值域 0～75 m/s 的数据为错误数据。

（2）10 min 平均风速小于最大风速。

（3）一日中若 24 次定时观测记录有缺测时，该日按照 02 时、08 时、14 时、20 时 4 次定时记录做日平均，若 4 次定时记录缺测 1 次或以上，但该日各定时记录缺测 5 次或以下时，按实有记录做日统计，缺测 6 次或以上时，不做日平均。

3.4.4.4　数据价值、数据使用方法和建议

阿克苏站代表了塔里木河上游典型的绿洲灌区农田生态系统，其 10 min 平均风速数据真实反映了农田生态系统小气候的风速特征，对当地的农业生产、科研和教学具有较高参考价值。

3.4.4.5　数据

10 min 风速数据见表 3 - 99。

表 3 - 99　10 min 风速

年份	月份	10 min 平均风速（m/s）	有效数据（条）	年份	月份	10 min 平均风速（m/s）	有效数据（条）
2008	1	0.8	31	2011	3	1.3	27
2008	2	1.2	29	2011	4	1.5	30
2008	3	1.4	31	2011	5	2.0	30
2008	4	1.6	30	2011	6	1.8	29
2008	5	1.8	31	2011	7	1.5	31
2008	6	1.6	30	2011	8	1.3	31
2008	7	1.2	29	2011	9	1.2	30
2008	8	1.1	31	2011	10	0.7	26
2008	9	1.2	30	2011	11	0.7	29
2008	10	1.0	31	2011	12	0.7	31
2008	11	0.6	30	2012	1	0.6	31
2008	12	0.8	31	2012	2	1.2	25
2009	1	0.7	31	2012	3		
2009	2	1.0	28	2012	4		
2009	3	1.4	31	2012	5		
2009	4	1.8	29	2012	6	1.6	30
2009	5	1.7	31	2012	7	1.3	31
2009	6	2.0	30	2012	8	1.3	31
2009	7	1.5	31	2012	9		
2009	8	1.2	31	2012	10		
2009	9	1.4	30	2012	11	0.7	28
2009	10			2012	12		
2009	11	0.9	30	2013	1	0.7	31
2009	12			2013	2	1.1	28
2010	1	0.8	28	2013	3	0.9	31
2010	2	1.1	28	2013	4	1.8	27
2010	3	1.7	29	2013	5	1.9	30
2010	4	1.9	26	2013	6	1.7	30
2010	5			2013	7		
2010	6			2013	8		
2010	7	1.5	31	2013	9	1.0	30
2010	8	1.5	31	2013	10	0.6	31
2010	9	1.3	30	2013	11	1.0	29
2010	10	1.2	31	2013	12	0.8	31
2010	11	0.6	30	2014	1	0.9	31
2010	12	0.9	31	2014	2	1.6	28
2011	1	0.9	31	2014	3	1.5	31
2011	2			2014	4	2.1	30

（续）

年份	月份	10 min 平均风速（m/s）	有效数据（条）	年份	月份	10 min 平均风速（m/s）	有效数据（条）
2014	5	1.9	30	2015	3	1.8	31
2014	6	2.1	30	2015	4	2.3	30
2014	7	2.0	31	2015	5		
2014	8	1.6	31	2015	6		
2014	9			2015	7		
2014	10			2015	8	1.7	29
2014	11	0.9	30	2015	9	1.4	30
2014	12			2015	10	1.1	31
2015	1			2015	11	1.2	30
2015	2	1.3	28	2015	12		

3.4.5　气压数据集

3.4.5.1　概述

本数据集包括阿克苏站 2008—2015 年气象要素观测场（AKAQX01）月平均气压观测数据（年、月、气压和有效数据），计量单位为 hPa。

3.4.5.2　数据采集和处理方法

数据获取方法：数据来自气象要素观测场自动气象站的 DPA501 数字气压表观测，每 10 s 采测 1 个气压值，每分钟采测 6 个气压值，去除一个最大值和一个最小值后取平均值，作为每分钟的气压值，正点时采测 00 min 的气压值作为正点数据存储。

数据产品处理方法：

（1）原始数据由系统软件自动统计，由每小时平均气压值计算日平均值。

（2）用质量控制后的日均值合计值除以日数获得月平均值。日平均值缺测 6 次或者以上时，不做月统计。

3.4.5.3　数据质量控制和评估

（1）超出气候学界限值域 300～1 100 hPa 的数据为错误数据。

（2）所观测的气压不小于日最低气压且不大于日最高气压，且阿克苏站海拔高度 1 028 m 大于 0 m，气压值应小于海平面气压。

（3）24 h 变压的绝对值小于 50 hPa。

（4）1 min 内允许的最大变化值为 1.0 hPa，1 h 内变化幅度的最小值为 0.1 hPa。

（5）某一定时气压缺测时，用前、后两定时数据内插求得，按正常数据统计，若连续两个或以上定时数据缺测时，不能内插，仍按缺测处理。

（6）一日中若 24 次定时观测记录有缺测时，该日按照 02 时、08 时、14 时、20 时 4 次定时记录做日平均，若 4 次定时记录缺测 1 次或以上，但该日各定时记录缺测 5 次或以下时，按实有记录做日统计，缺测 6 次或以上时，不做日平均。

3.4.5.4　数据价值、数据使用方法和建议

阿克苏站代表了塔里木河上游典型的绿洲灌区农田生态系统，其气压数据真实反映了农田生态系统小气候的气压特征，对当地的农业生产、科研和教学具有较高参考价值。

3.4.5.5　数据

气压数据见表 3 - 100。

表 3 - 100　气　　压

年份	月份	气压（hPa）	有效数据（条）	年份	月份	气压（hPa）	有效数据（条）
2008	1	907.6	31	2011	3	904.6	27
2008	2	907.2	29	2011	4	897.2	30
2008	3	898.5	31	2011	5	894.6	30
2008	4	895.9	30	2011	6	889.2	29
2008	5	892.1	31	2011	7	890.3	31
2008	6	889.4	30	2011	8	891.4	31
2008	7	890.6	28	2011	9	896.0	30
2008	8	890.0	31	2011	10	899.8	26
2008	9	895.6	30	2011	11	903.1	29
2008	10	902.3	31	2011	12	909.2	31
2008	11	906.3	30	2012	1	906.7	31
2008	12	904.7	31	2012	2	900.9	25
2009	1	907.7	31	2012	3	900.9	31
2009	2	899.1	28	2012	4	899.5	30
2009	3	898.5	31	2012	5	898.4	31
2009	4	892.4	29	2012	6	889.4	30
2009	5	894.5	31	2012	7	890.5	31
2009	6	891.2	30	2012	8	892.2	31
2009	7	889.7	31	2012	9	901.0	30
2009	8	892.8	31	2012	10	905.2	31
2009	9	896.7	30	2012	11	902.4	28
2009	10	905.1	31	2012	12	905.2	31
2009	11	904.2	30	2013	1	905.0	31
2009	12	994.0	31	2013	2	902.5	28
2010	1	905.1	28	2013	3	898.6	31
2010	2	898.4	28	2013	4	896.0	27
2010	3	900.5	29	2013	5	894.6	30
2010	4	899.4	26	2013	6	889.5	30
2010	5	898.4	31	2013	7	981.2	31
2010	6	896.2	30	2013	8	895.7	31
2010	7	890.5	31	2013	9	897.0	30
2010	8	892.6	31	2013	10	902.0	31
2010	9	896.2	30	2013	11	907.1	29
2010	10	901.9	31	2013	12	907.8	31
2010	11	905.7	30	2014	1	905.6	31
2010	12	906.4	31	2014	2	901.0	28
2011	1	907.9	31	2014	3	900.0	31
2011	2	899.2	28	2014	4	897.1	30

（续）

年份	月份	气压（hPa）	有效数据（条）	年份	月份	气压（hPa）	有效数据（条）
2014	5	894.4	30	2015	3	899.4	31
2014	6	893.6	30	2015	4	897.6	30
2014	7	889.6	31	2015	5	897.8	31
2014	8	893.6	31	2015	6	896.0	30
2014	9	899.8	30	2015	7	884.6	31
2014	10	905.0	31	2015	8	893.3	30
2014	11	973.5	30	2015	9	898.9	30
2014	12	911.8	31	2015	10	902.9	31
2015	1	904.0	31	2015	11	902.5	30
2015	2	902.8	28	2015	12	909.2	31

3.4.6　地表温度数据集

3.4.6.1　概述

本数据集包括阿克苏站 2008—2015 年气象要素观测场（AKAQX01）月平均地表温度观测数据（年、月、地表温度和有效数据），计量单位为℃。

3.4.6.2　数据采集和处理方法

数据获取方法：数据来自气象要素观测场自动气象站的 QMT110 地温传感器自动观测。每 10 s 采测 1 次地表面 0 cm 处温度值，每分钟采测 6 次，去除 1 个最大值和 1 个最小值后取平均值，作为每分钟的地表温度值存储。正点时采测 00 min 的地表温度值作为正点数据存储。观测层次为地表 0 cm。

数据产品处理方法：

（1）原始数据由系统软件自动统计，由每小时平均值计算日平均值。

（2）用质量控制后的日均值合计值除以日数获得月平均值，日平均值缺测 6 次或者以上时，不做月统计。

3.4.6.3　数据质量控制和评估

（1）超出气候学界限值域 $-90\sim90$℃的数据为错误数据。

（2）1 min 内允许的最大变化值为 5℃，1 h 内变化幅度的最小值为 0.1 ℃。

（3）定时观测地表温度大于等于日地表最低温度且小于等于日地表最高温度。

（4）地表温度 24 h 变化范围小于 60℃。

（5）某一定时地表温度缺测时，用前、后两定时数据内插求得，按正常数据统计，若连续两个或以上定时数据缺测时，不能内插，仍按缺测处理。

（6）一日中若 24 次定时观测记录有缺测时，该日按照 02 时、08 时、14 时、20 时 4 次定时记录做日平均，若 4 次定时记录缺测 1 次或以上，但该日各定时记录缺测 5 次或以下时，按实有记录做日统计，缺测 6 次或以上时，不做日平均。

3.4.6.4　数据价值、数据使用方法和建议

阿克苏站代表了塔里木河上游典型的绿洲灌区农田生态系统，其土壤温度数据真实反映了农田生态系统小气候的土壤温度特征，对当地的农业生产、科研和教学具有较高参考价值。

3.4.6.5　数据

地表温度数据见表 3-101。

表 3 - 101　地表温度

年份	月份	地表温度（℃）	有效数据（条）	年份	月份	地表温度（℃）	有效数据（条）
2008	1	−7.4	31	2011	3	5.5	27
2008	2	−4.6	29	2011	4	18.0	30
2008	3	10.3	31	2011	5	25.7	30
2008	4	18.0	30	2011	6	31.4	29
2008	5	24.2	31	2011	7	32.8	31
2008	6	31.6	30	2011	8	31.2	31
2008	7	32.1	28	2011	9	25.4	30
2008	8	30.8	31	2011	10	17.6	26
2008	9	22.8	30	2011	11	5.8	29
2008	10	13.8	31	2011	12	−4.3	31
2008	11	2.9	30	2012	1	−8.2	31
2008	12	−4.0	31	2012	2	−2.4	25
2009	1	−7.2	31	2012	3	8.4	31
2009	2	−0.9	28	2012	4	18.7	30
2009	3	8.7	31	2012	5	26.4	31
2009	4	19.0	29	2012	6	30.3	30
2009	5	24.1	31	2012	7	32.1	31
2009	6	28.2	30	2012	8	32.1	31
2009	7	28.9	31	2012	9	27.7	30
2009	8	28.4	31	2012	10	15.2	31
2009	9	21.9	30	2012	11	1.1	28
2009	10	16.9	31	2012	12	−6.2	31
2009	11	0.6	30	2013	1	−6.9	31
2009	12	−4.4	31	2013	2	0.5	28
2010	1	−7.5	28	2013	3	11.9	31
2010	2	−1.9	28	2013	4	20.1	27
2010	3	8.1	29	2013	5	26.8	30
2010	4	14.8	26	2013	6	31.4	30
2010	5	29.7	31	2013	7	34.9	31
2010	6	33.4	30	2013	8	34.3	31
2010	7	29.1	31	2013	9	24.5	30
2010	8	29.1	31	2013	10	16.3	31
2010	9	21.4	30	2013	11	1.7	29
2010	10	14.3	31	2013	12	−4.6	31
2010	11	3.4	30	2014	1	−6.8	31
2010	12	−7.9	31	2014	2	−0.9	28
2011	1	−13.9	31	2014	3	8.8	31
2011	2	0.8	28	2014	4	17.8	30

（续）

年份	月份	地表温度（℃）	有效数据（条）	年份	月份	地表温度（℃）	有效数据（条）
2014	5	24.6	30	2015	3	9.8	31
2014	6	28.5	30	2015	4	19.3	30
2014	7	34.1	31	2015	5	27.4	31
2014	8	30.0	31	2015	6	33.7	30
2014	9	27.5	30	2015	7	37.3	31
2014	10	17.0	31	2015	8	29.1	30
2014	11	2.4	30	2015	9	21.9	30
2014	12	−4.5	31	2015	10	12.7	31
2015	1	−4.5	31	2015	11	3.0	30
2015	2	1.3	28	2015	12	−2.1	31

3.4.7　土壤温度数据集（5 cm）

3.4.7.1　概述

本数据集包括阿克苏站 2008—2015 年气象要素观测场（AKAQX01）月平均 5 cm 土壤温度观测数据（年、月、5 cm 土壤温度和有效数据），计量单位为℃。

3.4.7.2　数据采集和处理方法

数据获取方法：数据来自气象要素观测场自动气象站的 QMT110 地温传感器自动观测。每 10 s 采测 1 次地面以下 5 cm 地温值，每分钟采测 6 次，去除 1 个最大值和 1 个最小值后取平均值，作为每分钟的 5 cm 地温值存储。正点时采测 00 min 的 5 cm 地温值作为正点数据存储。观测层次为地面以下 5 cm。

数据产品处理方法：

（1）原始数据由系统软件自动统计，由每小时平均值计算日平均值。

（2）用质量控制后的日均值合计值除以日数获得月平均值。日平均值缺测 6 次或者以上时，不做月统计。

3.4.7.3　数据质量控制和评估

（1）超出气候学界限值域−80～80℃的数据为错误数据。

（2）1 min 内允许的最大变化值为 1℃，2 h 内变化幅度的最小值为 0.1 ℃。

（3）5 cm 地温 24 h 变化范围小于 40℃。

（4）某一定时土壤温度（5 cm）缺测时，用前、后两定时数据内插求得，按正常数据统计，若连续两个或以上定时数据缺测时，不能内插，仍按缺测处理。

（5）一日中若 24 次定时观测记录有缺测时，该日按照 02 时、08 时、14 时、20 时 4 次定时记录做日平均，若 4 次定时记录缺测 1 次或以上但该日各定时记录缺测 5 次或以下时，按实有记录做日统计，缺测 6 次或以上时，不做日平均。

3.4.7.4　数据价值、数据使用方法和建议

阿克苏站代表了塔里木河上游典型的绿洲灌区农田生态系统，其土壤温度数据真实反映了农田生态系统小气候的土壤温度特征，对当地的农业生产、科研和教学具有较高的参考价值。

3.4.7.5　数据

土壤温度（5 cm）数据见表 3-102。

表 3 - 102　土壤温度（5 cm）

年份	月份	土壤温度（5 cm）（℃）	有效数据（条）	年份	月份	土壤温度（5 cm）（℃）	有效数据（条）
2008	1	−2.2	31	2011	3	3.9	27
2008	2	−2.5	29	2011	4	12.9	30
2008	3	5.3	31	2011	5	19.9	30
2008	4	12.5	30	2011	6	25.4	29
2008	5	19.3	31	2011	7	27.3	31
2008	6	30.6	30	2011	8	26.7	31
2008	7	30.9	28	2011	9	22.4	30
2008	8	30.6	31	2011	10	16.0	26
2008	9	23.9	30	2011	11	7.3	29
2008	10	15.7	31	2011	12	−0.5	31
2008	11	6.8	30	2012	1	−4.0	31
2008	12	0.5	31	2012	2	−2.4	25
2009	1	−2.8	31	2012	3		
2009	2	0.1	28	2012	4		
2009	3	6.6	31	2012	5		
2009	4	14.0	29	2012	6	24.7	30
2009	5	18.2	31	2012	7	29.8	31
2009	6	23.9	30	2012	8	29.7	31
2009	7	30.3	31	2012	9		
2009	8	30.8	31	2012	10		
2009	9	23.8	30	2012	11	4.9	28
2009	10			2012	12		
2009	11	6.1	30	2013	1	−4.3	31
2009	12		—	2013	2	−0.2	28
2010	1	−2.7	28	2013	3	8.0	31
2010	2	−0.4	28	2013	4	15.2	27
2010	3	7.0	29	2013	5	22.0	30
2010	4	12.6	26	2013	6	27.9	30
2010	5			2013	7		
2010	6			2013	8		
2010	7	26.9	31	2013	9	24.2	30
2010	8	27.0	31	2013	10	17.2	31
2010	9	21.9	30	2013	11	6.5	29
2010	10	15.7	31	2013	12	−0.1	31
2010	11	7.0	30	2014	1	−3.0	31
2010	12	−1.3	31	2014	2	0.0	28
2011	1	−5.4	31	2014	3	6.7	31
2011	2			2014	4	14.0	30

（续）

年份	月份	土壤温度（5 cm）（℃）	有效数据（条）	年份	月份	土壤温度（5 cm）（℃）	有效数据（条）
2014	5	19.0	30	2015	3	6.9	31
2014	6	25.3	30	2015	4	14.1	30
2014	7	31.1	31	2015	5		
2014	8	28.1	31	2015	6		
2014	9			2015	7		
2014	10			2015	8	27.5	30
2014	11	6.8	30	2015	9	21.6	30
2014	12			2015	10	15.1	31
2015	1			2015	11	8.2	30
2015	2	0.7	28	2015	12		

3.4.8　土壤温度数据集（10 cm）

3.4.8.1　概述

本数据集包括阿克苏站 2008—2015 年气象要素观测场（AKAQX01）月平均 10 cm 土壤温度观测数据（年、月、10 cm 土壤温度和有效数据），计量单位为℃。

3.4.8.2　数据采集和处理方法

数据获取方法：数据来自气象要素观测场自动气象站的 QMT110 地温传感器自动观测。每 10 s 采测 1 次地面以下 10 cm 地温值，每分钟采测 6 次，去除 1 个最大值和 1 个最小值后取平均值，作为每分钟的 10 cm 地温值存储。正点时采测 00 min 的 10 cm 地温值作为正点数据存储。观测层次为地面以下 10 cm。

数据产品处理方法：

（1）原始数据由系统软件自动统计，由每小时平均值计算日平均值。

（2）用质量控制后的日均值合计值除以日数获得月平均值。日平均值缺测 6 次或者以上时，不做月统计。

3.4.8.3　数据质量控制和评估

（1）超出气候学界限值域－80～80℃的数据为错误数据。

（2）1 min 内允许的最大变化值为 1℃，2 h 内变化幅度的最小值为 0.1 ℃。

（3）10 cm 地温 24 h 变化范围小于 40℃。

（4）某一定时土壤温度（10 cm）缺测时，用前、后两定时数据内插求得，按正常数据统计，若连续两个或以上定时数据缺测时，不能内插，仍按缺测处理。

（5）一日中若 24 次定时观测记录有缺测时，该日按照 02 时、08 时、14 时、20 时 4 次定时记录做日平均，若 4 次定时记录缺测 1 次或以上但该日各定时记录缺测 5 次或以下时，按实有记录做日统计，缺测 6 次或以上时，不做日平均。

3.4.8.4　数据价值、数据使用方法和建议

阿克苏站代表了塔里木河上游典型的绿洲灌区农田生态系统，其土壤温度数据真实反映了农田生态系统小气候的土壤温度特征，对当地的农业生产、科研和教学具有较高参考价值。

3.4.8.5　数据

土壤温度（10 cm）数据见表 3－103。

表 3 - 103　土壤温度（10 cm）

年份	月份	土壤温度（10 cm）（℃）	有效数据（条）	年份	月份	土壤温度（10 cm）（℃）	有效数据（条）
2008	1	−1.7	31	2011	3	3.8	27
2008	2	−2.3	29	2011	4	12.4	30
2008	3	5.0	31	2011	5	19.3	30
2008	4	12.2	30	2011	6	24.8	29
2008	5	18.9	31	2011	7	26.8	31
2008	6	29.9	30	2011	8	26.4	31
2008	7	30.6	28	2011	9	22.3	30
2008	8	30.3	31	2011	10	16.3	26
2008	9	23.8	30	2011	11	7.8	29
2008	10	16.0	31	2011	12	0.2	31
2008	11	7.4	30	2012	1	−3.2	31
2008	12	1.1	31	2012	2	−2.2	25
2009	1	−2.2	31	2012	3		
2009	2	0.3	28	2012	4		
2009	3	6.4	31	2012	5		
2009	4	13.7	29	2012	6	24.1	30
2009	5	17.9	31	2012	7	29.1	31
2009	6	23.4	30	2012	8	29.3	31
2009	7	29.7	31	2012	9		
2009	8	30.5	31	2012	10		
2009	9	23.8	30	2012	11	5.6	28
2009	10			2012	12		
2009	11	6.7	30	2013	1	−3.5	31
2009	12			2013	2	−0.1	28
2010	1	−2.2	28	2013	3	7.7	31
2010	2	−0.2	28	2013	4	14.8	27
2010	3	6.8	29	2013	5	21.3	30
2010	4	12.3	26	2013	6	27.2	30
2010	5			2013	7		
2010	6			2013	8		
2010	7	26.5	31	2013	9	24.0	30
2010	8	26.7	31	2013	10	17.5	31
2010	9	21.9	30	2013	11	7.2	29
2010	10	15.9	31	2013	12	0.7	31
2010	11	7.5	30	2014	1	−2.4	31
2010	12	−0.6	31	2014	2	0.3	28
2011	1	−4.5	31	2014	3	6.5	31
2011	2			2014	4	13.6	30

（续）

年份	月份	土壤温度（10 cm）（℃）	有效数据（条）	年份	月份	土壤温度（10 cm）（℃）	有效数据（条）
2014	5	18.5	30	2015	3	6.7	31
2014	6	24.6	30	2015	4	13.6	30
2014	7	30.3	31	2015	5		
2014	8	27.7	31	2015	6		
2014	9			2015	7		
2014	10			2015	8	27.3	30
2014	11	7.6	30	2015	9	21.8	30
2014	12			2015	10	15.4	31
2015	1			2015	11	8.7	30
2015	2	0.8	28	2015	12		

3.4.9 土壤温度数据集（15 cm）

3.4.9.1 概述

本数据集包括阿克苏站 2008—2009 年气象要素观测场（AKAQX01）月平均 15 cm 土壤温度观测数据（年、月、15 cm 土壤温度和有效数据），计量单位为℃。由于 15 cm 土壤温度传感器在 2009 年 10 月后发生故障导致数据集缺少 2010—2015 年的监测数据。

3.4.9.2 数据采集和处理方法

数据获取方法：数据来自气象要素观测场自动气象站的 QMT110 地温传感器自动观测。每 10 s 采测 1 次地面以下 15 cm 地温值，每分钟采测 6 次，去除 1 个最大值和 1 个最小值后取平均值，作为每分钟的 15 cm 地温值存储。正点时采测 00 min 的 15 cm 地温值作为正点数据存储。观测层次为地面以下 15 cm。

数据产品处理方法：

（1）原始数据由系统软件自动统计，由每小时平均值计算日平均值。

（2）用质量控制后的日均值合计值除以日数获得月平均值。日平均值缺测 6 次或者以上时，不做月统计。

3.4.9.3 数据质量控制和评估

（1）超出气候学界限值域−80～80℃的数据为错误数据。

（2）1 min 内允许的最大变化值为 1℃，2 h 内变化幅度的最小值为 0.1 ℃。

（3）15 cm 地温 24 h 变化范围小于 40℃。

（4）某一定时土壤温度（15 cm）缺测时，用前、后两定时数据内插求得，按正常数据统计，若连续两个或以上定时数据缺测时，不能内插，仍按缺测处理。

（5）一日中若 24 次定时观测记录有缺测时，该日按照 02 时、08 时、14 时、20 时 4 次定时记录做日平均，若 4 次定时记录缺测 1 次或以上，但该日各定时记录缺测 5 次或以下时，按实有记录做日统计，缺测 6 次或以上时，不做日平均。

3.4.9.4 数据价值、数据使用方法和建议

阿克苏站代表了塔里木河上游典型的绿洲灌区农田生态系统，其土壤温度数据真实反映了农田生态系统小气候的土壤温度特征，对当地的农业生产、科研和教学具有较高参考价值。

3.4.9.5 数据

土壤温度（15 cm）数据见表 3-104。

表 3 - 104　土壤温度（15 cm）

年份	月份	土壤温度（15 cm）（℃）	有效数据（条）	年份	月份	土壤温度（15 cm）（℃）	有效数据（条）
2008	1	−1.3	31	2008	12	2.6	31
2008	2	−2.0	29	2009	1	−0.8	31
2008	3	4.9	31	2009	2	1.3	28
2008	4	12.0	30	2009	3	9.2	31
2008	5	18.6	31	2009	4	15.2	29
2008	6	29.5	30	2009	5	18.5	31
2008	7	31.1	28	2009	6	24.7	30
2008	8	30.5	31	2009	7	32.9	31
2008	9	24.4	30	2009	8	31.4	31
2008	10	17.2	31	2009	9	25.1	30
2008	11	8.8	30				

3.4.10　土壤温度数据集（20 cm）

3.4.10.1　概述

本数据集包括阿克苏站 2008—2015 年气象要素观测场（AKAQX01）月平均 20 cm 土壤温度观测数据（年、月、20 cm 土壤温度和有效数据），计量单位为℃。

3.4.10.2　数据采集和处理方法

数据获取方法：数据来自气象要素观测场自动气象站的 QMT110 地温传感器自动观测。每 10 s 采测 1 次地面以下 20 cm 地温值，每分钟采测 6 次，去除 1 个最大值和 1 个最小值后取平均值，作为每分钟的 20 cm 地温值存储。正点时采测 00 min 的 20 cm 地温值作为正点数据存储。观测层次为地面以下 20 cm。

数据产品处理方法：

（1）原始数据由系统软件自动统计，由每小时平均值计算日平均值。

（2）用质量控制后的日均值合计值除以日数获得月平均值。日平均值缺测 6 次或者以上时，不做月统计。

3.4.10.3　数据质量控制和评估

（1）超出气候学界限值域−80～80℃的数据为错误数据。

（2）1 min 内允许的最大变化值为 1℃，2 h 内变化幅度的最小值为 0.1 ℃。

（3）20 cm 地温 24 h 变化范围小于 40℃。

（4）某一定时土壤温度（20 cm）缺测时，用前、后两定时数据内插求得，按正常数据统计，若连续两个或以上定时数据缺测时，不能内插，仍按缺测处理。

（5）一日中若 24 次定时观测记录有缺测时，该日按照 02 时、08 时、14 时、20 时 4 次定时记录做日平均，若 4 次定时记录缺测 1 次或以上，但该日各定时记录缺测 5 次或以下时，按实有记录做日统计，缺测 6 次或以上时，不做日平均。

3.4.10.4　数据价值、数据使用方法和建议

阿克苏站代表了塔里木河上游典型的绿洲灌区农田生态系统，其土壤温度数据真实反映了农田生态系统小气候的土壤温度特征，对当地的农业生产、科研和教学具有较高参考价值。

3.4.10.5　数据

土壤温度（20 cm）数据见表 3 - 105。

表 3 - 105　土壤温度（20 cm）

年份	月份	土壤温度（20 cm）（℃）	有效数据（条）	年份	月份	土壤温度（20 cm）（℃）	有效数据（条）
2008	1	−0.9	31	2011	3	3.5	27
2008	2	−1.8	29	2011	4	11.5	30
2008	3	4.4	31	2011	5	18.3	30
2008	4	11.6	30	2011	6	23.6	29
2008	5	18.0	31	2011	7	25.9	31
2008	6	28.3	30	2011	8	25.7	31
2008	7	29.7	28	2011	9	22.2	30
2008	8	29.6	31	2011	10	16.7	26
2008	9	23.8	30	2011	11	8.9	29
2008	10	16.7	31	2011	12	1.6	31
2008	11	8.5	30	2012	1	−2.1	31
2008	12	2.4	31	2012	2	−1.7	25
2009	1	−1.1	31	2012	3		
2009	2	0.7	28	2012	4		
2009	3	6.2	31	2012	5		
2009	4	13.1	29	2012	6	23.0	30
2009	5	17.2	31	2012	7	27.8	31
2009	6	22.4	30	2012	8	28.4	31
2009	7	28.4	31	2012	9		
2009	8	29.8	31	2012	10		
2009	9	23.8	30	2012	11	6.8	28
2009	10			2012	12	—	31
2009	11	8.1	30	2013	1	−2.3	31
2009	12			2013	2	0.2	28
2010	1	−1.1	28	2013	3	7.1	31
2010	2	0.2	28	2013	4	14.0	27
2010	3	6.6	29	2013	5	20.1	30
2010	4	11.7	26	2013	6	25.8	30
2010	5			2013	7		
2010	6			2013	8		
2010	7	25.6	31	2013	9	23.9	30
2010	8	26.1	31	2013	10	17.9	31
2010	9	21.9	30	2013	11	8.5	29
2010	10	16.3	31	2013	12	2.0	31
2010	11	8.5	30	2014	1	−1.3	31
2010	12	0.8	31	2014	2	0.6	28
2011	1	−3.0	31	2014	3	6.1	31
2011	2			2014	4	12.9	30

（续）

年份	月份	土壤温度（20 cm）（℃）	有效数据（条）	年份	月份	土壤温度（20 cm）（℃）	有效数据（条）
2014	5	17.6	30	2015	3	6.3	31
2014	6	23.3	30	2015	4	12.9	30
2014	7	28.9	31	2015	5		
2014	8	27.0	31	2015	6		
2014	9			2015	7		
2014	10			2015	8	26.8	30
2014	11	8.8	30	2015	9	21.9	30
2014	12			2015	10	15.9	31
2015	1			2015	11	9.6	30
2015	2	1.0	28	2015	12		

3.4.11　土壤温度数据集（40 cm）

3.4.11.1　概述

本数据集包括阿克苏站 2008—2015 年气象要素观测场（AKAQX01）月平均 40 cm 土壤温度观测数据（年、月、40 cm 土壤温度和有效数据），计量单位为℃。

3.4.11.2　数据采集和处理方法

数据获取方法：数据来自气象要素观测场自动气象站的 QMT110 地温传感器自动观测。每 10 s 采测 1 次地面以下 40 cm 地温值，每分钟采测 6 次，去除 1 个最大值和 1 个最小值后取平均值，作为每分钟的 40 cm 地温值存储。正点时采测 00 min 的 40 cm 地温值作为正点数据存储。观测层次为地面以下 40 cm。

数据产品处理方法：

（1）原始数据由系统软件自动统计，由每小时平均值计算日平均值。

（2）用质量控制后的日均值合计值除以日数获得月平均值。日平均值缺测 6 次或者以上时，不做月统计。

3.4.11.3　数据质量控制和评估

原始数据质量控制方法：

（1）超出气候学界限值域−80~80℃的数据为错误数据。

（2）1 min 内允许的最大变化值为 1℃，2 h 内变化幅度的最小值为 0.1 ℃。

（3）40 cm 地温 24 h 变化范围小于 40℃。

（4）某一定时土壤温度（40 cm）缺测时，用前、后两定时数据内插求得，按正常数据统计，若连续两个或以上定时数据缺测时，不能内插，仍按缺测处理。

（5）一日中若 24 次定时观测记录有缺测时，该日按照 02 时、08 时、14 时、20 时 4 次定时记录做日平均，若 4 次定时记录缺测 1 次或以上，但该日各定时记录缺测 5 次或以下时，按实有记录做日统计，缺测 6 次或以上时，不做日平均。

3.4.11.4　数据价值、数据使用方法和建议

阿克苏站代表了塔里木河上游典型的绿洲灌区农田生态系统，其土壤温度数据真实反映了农田生态系统小气候的土壤温度特征，对当地的农业生产、科研和教学具有较高参考价值。

3.4.11.5　数据

土壤温度（40 cm）数据见表 3 - 106。

表 3 - 106　土壤温度（40 cm）

年份	月份	土壤温度（40 cm）（℃）	有效数据（条）	年份	月份	土壤温度（40 cm）（℃）	有效数据（条）
2008	1	1.0	31	2011	3	3.3	27
2008	2	−0.4	29	2011	4	9.9	30
2008	3	3.8	31	2011	5	16.4	30
2008	4	10.5	30	2011	6	21.3	29
2008	5	16.3	31	2011	7	24.0	31
2008	6	25.1	30	2011	8	24.5	31
2008	7	27.9	28	2011	9	22.0	30
2008	8	28.3	31	2011	10	17.6	26
2008	9	23.8	30	2011	11	10.9	29
2008	10	18.0	31	2011	12	4.4	31
2008	11	10.8	30	2012	1	0.4	31
2008	12	4.9	31	2012	2	−0.2	25
2009	1	1.2	31	2012	3		
2009	2	1.7	28	2012	4		
2009	3	5.9	31	2012	5		
2009	4	11.9	29	2012	6	21.0	30
2009	5	15.9	31	2012	7	25.7	31
2009	6	20.4	30	2012	8	26.8	31
2009	7	26.1	31	2012	9		
2009	8	28.2	31	2012	10		
2009	9	23.9	30	2012	11	9.3	28
2009	10			2012	12		
2009	11	10.7	30	2013	1	−0.1	31
2009	12			2013	2	0.9	28
2010	1	1.2	28	2013	3	6.2	31
2010	2	1.2	28	2013	4	12.6	27
2010	3	6.2	29	2013	5	18.1	30
2010	4	10.7	26	2013	6	23.5	30
2010	5			2013	7		
2010	6			2013	8		
2010	7	23.9	31	2013	9	23.7	30
2010	8	24.8	31	2013	10	18.7	31
2010	9	22.0	30	2013	11	10.9	29
2010	10	17.2	31	2013	12	4.5	31
2010	11	10.5	30	2014	1	1.0	31
2010	12	3.6	31	2014	2	1.6	28
2011	1	−0.5	31	2014	3	5.7	31
2011	2			2014	4	11.8	30

（续）

年份	月份	土壤温度（40 cm）（℃）	有效数据（条）	年份	月份	土壤温度（40 cm）（℃）	有效数据（条）
2014	5	16.0	30	2015	3	5.9	31
2014	6	21.0	30	2015	4	11.6	30
2014	7	26.5	31	2015	5		
2014	8	25.9	31	2015	6		
2014	9			2015	7		
2014	10			2015	8	25.8	30
2014	11	11.0	30	2015	9	22.0	30
2014	12			2015	10	16.9	31
2015	1			2015	11	11.3	30
2015	2	1.7	28	2015	12		

3.4.12　土壤温度数据集（60 cm）

3.4.12.1　概述

本数据集包括阿克苏站 2008—2015 年气象要素观测场（AKAQX01）月平均 60 cm 土壤温度观测数据（年、月、60 cm 土壤温度和有效数据），计量单位为℃。

3.4.12.2　数据采集和处理方法

数据获取方法：数据来自气象要素观测场自动气象站的 QMT110 地温传感器自动观测。每 10 s 采测 1 次地面以下 60 cm 地温值，每分钟采测 6 次，去除 1 个最大值和 1 个最小值后取平均值，作为每分钟的 60 cm 地温值存储。正点时采测 00 min 的 60 cm 地温值作为正点数据存储。观测层次为地面以下 60 cm。

数据产品处理方法：

（1）原始数据由系统软件自动统计，由每小时平均值计算日平均值。

（2）用质量控制后的日均值合计值除以日数获得月平均值。日平均值缺测 6 次或者以上时，不做月统计。

3.4.12.3　数据质量控制和评估

（1）超出气候学界限值域−80～80℃的数据为错误数据。

（2）1 min 内允许的最大变化值为 1℃，2 h 内变化幅度的最小值为 0.1 ℃。

（3）60 cm 地温 24 h 变化范围小于 40℃。

（4）某一定时土壤温度（60 cm）缺测时，用前、后两定时数据内插求得，按正常数据统计，若连续两个或以上定时数据缺测时，不能内插，仍按缺测处理。

（5）一日中若 24 次定时观测记录有缺测时，该日按照 02 时、08 时、14 时、20 时 4 次定时记录做日平均，若 4 次定时记录缺测 1 次或以上，但该日各定时记录缺测 5 次或以下时，按实有记录做日统计，缺测 6 次或以上时，不做日平均。

3.4.12.4　数据价值、数据使用方法和建议

阿克苏站代表了塔里木河上游典型的绿洲灌区农田生态系统，其土壤温度数据真实反映了农田生态系统小气候的土壤温度特征，对当地的农业生产、科研和教学具有较高参考价值。

3.4.12.5　数据

土壤温度（60 cm）数据见表 3 - 107。

表 3 - 107　土壤温度（60 cm）

年份	月份	土壤温度（60 cm）（℃）	有效数据（条）	年份	月份	土壤温度（60 cm）（℃）	有效数据（条）
2008	1	2.5	31	2011	3	3.4	27
2008	2	1.1	29	2011	4	9.0	30
2008	3	3.8	31	2011	5	15.1	30
2008	4	9.8	30	2011	6	19.8	29
2008	5	15.2	31	2011	7	22.7	31
2008	6	22.9	30	2011	8	23.5	31
2008	7	26.5	28	2011	9	21.9	30
2008	8	27.2	31	2011	10	18.2	26
2008	9	23.8	30	2011	11	12.2	29
2008	10	18.7	31	2011	12	6.3	31
2008	11	12.3	30	2012	1	2.2	31
2008	12	6.7	31	2012	2	1.1	25
2009	1	2.9	31	2012	3		
2009	2	2.6	28	2012	4		
2009	3	5.9	31	2012	5		
2009	4	11.3	29	2012	6	19.7	30
2009	5	15.1	31	2012	7	24.2	31
2009	6	19.1	30	2012	8	25.6	31
2009	7	24.4	31	2012	9		
2009	8	27.0	31	2012	10		
2009	9	23.7	30	2012	11	10.9	28
2009	10			2012	12		
2009	11	12.3	30	2013	1	1.5	31
2009	12			2013	2	1.7	28
2010	1	2.8	28	2013	3	5.9	31
2010	2	2.2	28	2013	4	11.7	27
2010	3	6.1	29	2013	5	16.8	30
2010	4	10.1	26	2013	6	21.9	30
2010	5			2013	7		
2010	6			2013	8		
2010	7	22.6	31	2013	9	23.5	30
2010	8	23.8	31	2013	10	19.3	31
2010	9	21.8	30	2013	11	12.4	29
2010	10	17.8	31	2013	12	6.2	31
2010	11	11.9	30	2014	1	2.6	31
2010	12	5.6	31	2014	2	2.4	28
2011	1	1.4	31	2014	3	5.6	31
2011	2			2014	4	11.1	30

（续）

年份	月份	土壤温度（60 cm）（℃）	有效数据（条）	年份	月份	土壤温度（60 cm）（℃）	有效数据（条）
2014	5	15.0	30	2015	3	5.8	31
2014	6	19.6	30	2015	4	10.9	30
2014	7	24.8	31	2015	5		
2014	8	25.0	31	2015	6		
2014	9			2015	7		
2014	10			2015	8	25.1	30
2014	11	12.4	30	2015	9	22.1	30
2014	12			2015	10	17.6	31
2015	1			2015	11	12.5	30
2015	2	2.4	28	2015	12		

3.4.13　土壤温度数据集（100 cm）

3.4.13.1　概述

本数据集包括阿克苏站 2008—2015 年气象要素观测场（AKAQX01）月平均 100 cm 土壤温度观测数据（年、月、100 cm 土壤温度和有效数据），计量单位为℃。

3.4.13.2　数据采集和处理方法

数据获取方法：数据来自气象要素观测场自动气象站的 QMT110 地温传感器自动观测。每 10 s 采测 1 次地面以下 100 cm 地温值，每分钟采测 6 次，去除 1 个最大值和 1 个最小值后取平均值，作为每分钟的 100 cm 地温值存储。正点时采测 00 min 的 100 cm 地温值作为正点数据存储。观测层次为地面以下 100 cm。

数据产品处理方法：

（1）系统软件自动统计，由每小时平均值计算日平均值。

（2）用质量控制后的日均值合计值除以日数获得月平均值。日平均值缺测 6 次或者以上时，不做月统计。

3.4.13.3　数据质量控制和评估

（1）超出气候学界限值域−80～80℃的数据为错误数据。

（2）1 min 内允许的最大变化值为 1℃，2 h 内变化幅度的最小值为 0.1 ℃。

（3）100 cm 地温 24 h 变化范围小于 40℃。

（4）某一定时土壤温度（100 cm）缺测时，用前、后两定时数据内插求得，按正常数据统计，若连续两个或以上定时数据缺测时，不能内插，仍按缺测处理。

（5）一日中若 24 次定时观测记录有缺测时，该日按照 02 时、08 时、14 时、20 时 4 次定时记录做日平均，若 4 次定时记录缺测 1 次或以上，但该日各定时记录缺测 5 次或以下时，按实有记录做日统计，缺测 6 次或以上时，不做日平均。

3.4.13.4　数据价值、数据使用方法和建议

阿克苏站代表了塔里木河上游典型的绿洲灌区农田生态系统，其土壤温度数据真实反映了农田生态系统小气候的土壤温度特征，对当地的农业生产、科研和教学具有较高参考价值。

3.4.13.5　数据

土壤温度（100 cm）数据见表 3‐108。

表 3 - 108 土壤温度（100 cm）

年份	月份	土壤温度（100 cm）（℃）	有效数据（条）	年份	月份	土壤温度（100 cm）（℃）	有效数据（条）
2008	1	5.3	31	2011	3	4.0	27
2008	2	3.7	29	2011	4	7.8	30
2008	3	4.3	31	2011	5	12.9	30
2008	4	8.7	30	2011	6	17.1	29
2008	5	13.1	31	2011	7	20.2	31
2008	6	19.0	30	2011	8	21.5	31
2008	7	23.4	28	2011	9	21.0	30
2008	8	24.6	31	2011	10	18.6	26
2008	9	23.0	30	2011	11	14.2	29
2008	10	19.6	31	2011	12	9.3	31
2008	11	14.6	30	2012	1	5.2	31
2008	12	9.6	31	2012	2	3.5	25
2009	1	5.9	31	2012	3		
2009	2	4.5	28	2012	4		
2009	3	6.2	31	2012	5		
2009	4	10.1	29	2012	6	17.1	30
2009	5	13.5	31	2012	7	21.3	31
2009	6	16.8	30	2012	8	23.3	31
2009	7	21.2	31	2012	9		
2009	8	24.3	31	2012	10		
2009	9	22.9	30	2012	11	13.3	28
2009	10			2012	12		
2009	11	14.7	30	2013	1	4.5	31
2009	12			2013	2	3.5	28
2010	1	5.6	28	2013	3	5.8	31
2010	2	4.2	28	2013	4	10.3	27
2010	3	6.3	29	2013	5	14.5	30
2010	4	9.3	26	2013	6	19.0	30
2010	5			2013	7		
2010	6			2013	8		
2010	7	20.1	31	2013	9	22.6	30
2010	8	21.8	31	2013	10	19.7	31
2010	9	21.1	30	2013	11	14.7	29
2010	10	18.3	31	2013	12	9.2	31
2010	11	13.9	30	2014	1	5.5	31
2010	12	8.7	31	2014	2	4.2	28
2011	1	4.6	31	2014	3	5.8	31
2011	2			2014	4	10.0	30

（续）

年份	月份	土壤温度（100 cm）（℃）	有效数据（条）	年份	月份	土壤温度（100 cm）（℃）	有效数据（条）
2014	5	13.3	30	2015	3	5.9	31
2014	6	17.1	30	2015	4	9.8	30
2014	7	21.7	31	2015	5		
2014	8	23.0	31	2015	6		
2014	9			2015	7		
2014	10			2015	8	23.4	30
2014	11	14.5	30	2015	9	21.6	30
2014	12			2015	10	18.3	31
2015	1			2015	11	14.2	30
2015	2	4.0	28	2015	12		

3.4.14 太阳辐射数据集

3.4.14.1 概述

本数据集包括阿克苏站 2008—2015 年气象要素观测场（AKAQX01）月平均日累计总辐射量、日累计反射辐射、日累计净辐射、日累计光和有效辐射以及有效数据，计量单位为 MJ/m²。

3.4.14.2 数据采集和处理方法

数据获取方法：数据来自气象观测场自动气象辐射传感器对总辐射量、净辐射、反射辐射、光合有效辐射的自动观测。每 10 s 采测 1 次，每分钟采测 6 次辐照度（瞬时值），去除一个最大值和 1 个最小值后取平均值。正点（地方平均太阳时）00 min 采集存储辐照度，同时计算存储曝辐量（累积值）。观测层次为距地面 1.5 m 处。

数据产品处理方法：

（1）原始数据由系统软件自动统计，由日累计辐射合计值除以日数获得月平均值。

（2）辐射曝辐量缺测数小时但不是全天缺测时，按实有记录做日合计，全天缺测时，不做日合计。

（3）一月中辐射曝辐量日总量缺测 9 天或以下时，月平均日合计等于实有记录之和除以实有记录天数。缺测 10 天或以上时，该月不做月统计，按缺测处理。

3.4.14.3 数据质量控制和评估

（1）总辐射最大值不能超过气候学界限值 2 000 W/m²。

（2）当前瞬时值与前一次值的差异小于最大变幅 800 W/m²。

（3）小时总辐射量大于等于小时净辐射、反射辐射和紫外辐射。

（4）除阴天、雨天和雪天外总辐射一般在中午前后出现极大值。

（5）小时总辐射累积值应小于同一地理位置大气层顶的辐射总量，小时总辐射累积值可以稍微大于同一地理位置在大气具有很大透过率和非常晴朗天空状态下的小时总辐射累积值，所有夜间观测的小时总辐射累积值小于 0 时用 0 代替。

3.4.14.4 数据价值、数据使用方法和建议

阿克苏站代表了塔里木河上游典型的绿洲灌区农田生态系统，其太阳辐射数据真实反映了农田生态系统小气候的太阳辐射特征，对当地的农业生产、科研和教学具有较高参考价值。

3.4.14.5 数据

太阳辐射数据见表 3-109。

表 3 - 109　太阳辐射

年份	月份	日累计总辐射 （MJ/m²）	日累计反射辐射 （MJ/m²）	日累计净辐射 （MJ/m²）	日累计光合有效 辐射（MJ/m²）	有效数据 （条）
2008	1	7.329	2.385	−0.162	10.852	31
2008	2	13.877	3.634	2.916	23.631	29
2008	3	17.933	4.269	3.221	30.795	31
2008	4	20.453	5.246	4.666	32.366	30
2008	5	22.436	5.250	5.529	28.946	31
2008	6	27.249	4.067	10.689	49.089	30
2008	7	25.337	3.305	10.529	47.288	29
2008	8	23.747	4.226	8.306	42.976	31
2008	9	20.335	3.767	5.852	34.536	30
2008	10	16.342	3.198	3.932	27.314	31
2008	11	12.298	3.190	0.491	17.078	30
2008	12	9.367	2.564	−0.013	13.295	31
2009	1	10.568	3.011	0.438	15.518	31
2009	2	13.635	4.162	1.399	19.098	28
2009	3	17.360	5.492	2.809	22.772	31
2009	4	18.452	5.760	3.219	24.918	30
2009	5	24.547	5.646	7.757	45.950	31
2009	6	26.381	4.580	9.733	50.701	30
2009	7	28.010	4.922	10.251	54.364	31
2009	8	24.495	4.599	7.226	44.423	31
2009	9	19.637	3.315	4.939	34.539	30
2009	10	16.878	3.385	3.389	26.560	25
2009	11	11.972	2.519	1.404	16.754	30
2009	12					
2010	1	10.260	2.709	−0.363	16.275	29
2010	2	12.363	4.256	0.642	16.073	28
2010	3	14.556	4.968	0.703	16.561	30
2010	4	17.044	5.490	1.457	19.585	27
2010	5	23.223	5.050	7.419	27.970	25
2010	6	17.260	2.501	5.940	28.867	25
2010	7	24.873	3.666	8.721	46.430	31
2010	8	23.352	3.643	7.486	42.815	31
2010	9	17.330	2.906	4.498	29.872	30
2010	10	15.401	2.005	3.713	25.699	31
2010	11	12.969	3.416	1.120	19.205	30
2010	12	10.474	2.954	−0.850	12.442	31
2011	1	11.439	3.633	−0.573	13.966	31
2011	2	11.970	3.425	0.882	15.246	20

（续）

年份	月份	日累计总辐射 （MJ/m²）	日累计反射辐射 （MJ/m²）	日累计净辐射 （MJ/m²）	日累计光合有效 辐射（MJ/m²）	有效数据 （条）
2011	3	14.445	4.709	1.149	20.235	28
2011	4	22.059	6.128	4.801	60.627	30
2011	5	24.364	4.387	8.553	44.015	31
2011	6	27.001	3.759	10.528	51.157	30
2011	7	26.027	4.131	8.824	47.950	31
2011	8	24.592	3.753	8.250	44.065	31
2011	9	19.372	3.041	5.230	31.026	30
2011	10	13.735	2.507	2.604	19.866	31
2011	11	11.715	2.227	1.717	17.362	30
2011	12	9.379	1.776	0.389	11.722	31
2012	1	10.138	2.461	0.544	13.585	31
2012	2	11.575	2.768	1.664	17.360	26
2012	3					
2012	4					
2012	5					
2012	6	25.539	3.885	9.276	46.439	30
2012	7	26.071	3.397	9.645	46.843	31
2012	8	23.522	3.613	7.702	40.969	31
2012	9	19.594	3.678	4.985	32.668	23
2012	10					
2012	11	10.362	2.446	0.147	13.442	29
2012	12	8.428	2.054	−0.558	10.065	26
2013	1	9.962	2.588	0.011	13.327	31
2013	2	11.979	2.965	0.733	15.759	28
2013	3	13.761	4.347	0.509	17.593	31
2013	4	15.005	5.697	0.978	19.268	30
2013	5	22.015	4.096	7.252	36.380	31
2013	6	27.950	3.936	11.402	50.772	30
2013	7					
2013	8	19.844	2.895	6.178	33.071	22
2013	9	20.122	2.908	5.963	58.546	30
2013	10	15.946	3.122	3.181	25.154	31
2013	11	10.501	2.147	0.356	13.046	30
2013	12	8.979	1.894	−0.586	8.103	31
2014	1	9.797	2.310	−0.277	9.426	31
2014	2	10.897	3.004	0.644	12.192	28
2014	3	12.500	3.859	0.651	13.812	31
2014	4	17.987	4.500	1.498	20.037	30

（续）

年份	月份	日累计总辐射 （MJ/m²）	日累计反射辐射 （MJ/m²）	日累计净辐射 （MJ/m²）	日累计光合有效 辐射（MJ/m²）	有效数据 （条）
2014	5	21.642	5.490	2.302	26.673	31
2014	6	24.779	2.971	10.051	43.127	30
2014	7	26.345	3.472	10.112	46.311	31
2014	8	22.764	2.827	8.140	38.569	31
2014	9					
2014	10					
2014	11	10.834	1.910	1.394	14.584	30
2014	12					
2015	1					
2015	2	12.676	2.998	2.134	16.867	28
2015	3	14.779	4.584	1.416	19.545	31
2015	4	16.130	5.331	2.208	22.109	30
2015	5					
2015	6					
2015	7	24.079	3.652	8.607	42.220	22
2015	8	19.540	2.766	6.667	32.629	31
2015	9	20.329	3.642	7.182	34.205	30
2015	10	16.269	3.904	2.622	24.414	31
2015	11	11.874	2.824	1.061	14.230	30
2015	12	9.116	1.871	0.312	9.872	23

第4章

特色研究数据

4.1 20 m² 蒸发池水面蒸发数据集

4.1.1 概述

20 m² 水面蒸发池位于气象要素观测场附近的蒸发观测场内,自 1988 年起开展 20 m² 水面蒸发观测,距今已有 30 多年的观测历史。本数据集包括阿克苏站 2008—2015 年蒸发观测场 20 m² 水面蒸发池月蒸发量的观测数据(年、月、月蒸发量和有效数据),计量单位为 mm。

4.1.2 数据采集和处理方法

(1)观测方法。20 m² 水面蒸发池数据采集由人工观测完成,采样频率为每天 08 时、20 时观测 2 次,同时观测水温。每日 08 时和 20 时人工观测记录 E601 水面蒸发器的水位高度,计算前后两次水位高度差代表当日蒸发量。

(2)数据处理方法。

①观测辅助项目,可与水气压力差、气温和风速的日平均值进行对照。水气压力差、气温和风速愈大,则水面蒸发量愈大。逐日水面蒸发量与逐日气温、风速进行对照,对突出偏大、偏小确属不合理的水面蒸发量,参照有关因素和邻站资料进行改正。

②当缺测日的天气状况前后大致相似时,根据前后观测值直线内插获得缺测日蒸发量数据;若连续缺测日较多时,利用当历年积累的 20 cm 或 E601 蒸发器数据与 20 m² 蒸发池数据比较分析所得的系数进行换算补漏数据。

③利用质量控制后的日蒸发量数据累加形成月数据。

4.1.3 数据质量控制和评估

(1)数据获取过程的质量控制。严格翔实地记录调查时间,核查并记录样地名称、代码,真实记录每日实测数据。另外,对于 20 m² 水面蒸发器的维护,严格参考水利行业标准《水面蒸发观测规范》(SD 265—1988)执行。

(2)规范原始数据记录的质量控制措施。原始数据记录是保证各种数据问题的溯源查询依据,要求做到:数据真实、记录规范、书写清晰、数据及辅助信息完整等。使用专用、规范印制的数据记录表和记录本,根据本站调查任务制定年度工作调查记录本,按照调查内容和时间顺序依次排列,装订、定制成本。使用铅笔或黑色碳素笔规范整齐填写,原始数据不得删除或涂改,如记录或观测有误,需将原有数据轻画横线标记,并将审核后的正确数据记录在原数据旁或备注栏,并签名。

(3)数据质量评估。将所获取的数据与各项辅助信息数据以及历史数据信息进行比较和阈值检查,评价数据的正确性、一致性、完整性、可比性和连续性,对监测数据超出历史数据阈值范围的进行校验,剔除无效或数值明显超出范围的数据项。经过水分监测负责人和站长审核认定,批准后上报。

4.1.4　数据价值、数据使用方法和建议

水面蒸发是水文循环的一个重要环节，也是研究陆面蒸发的基本参数，在水资源评价、水文模型和地气能量交换过程研究中是重要的参考资料。

阿克苏站地处极端干旱区，长期的水面蒸发观测数据能反映极端干旱区的水面蒸发特征，不仅对当地农业生产、科研和教学工作具有重要的参考价值，而且对于水面蒸发的联网研究更具有重要意义。

4.1.5　数据

$20 m^2$ 水面蒸发池月蒸发量数据见表 4-1。

表 4-1　$20 m^2$ 水面蒸发池月蒸发量

年份	月份	月蒸发量（mm）	有效数据（条）	年份	月份	月蒸发量（mm）	有效数据（条）
2008	4	108.3	30	2012	4	67	16
2008	5	157.1	31	2012	5	152.2	31
2008	6	181.8	30	2012	6	153.5	30
2008	7	155.3	31	2012	7	149.8	31
2008	8	156.0	31	2012	8	146.5	31
2008	9	125.6	30	2012	9	132.4	30
2008	10	85.4	31	2012	10	95	31
2009	4	118.3	30	2013	4	127.3	30
2009	5	165.8	31	2013	5	159.6	31
2009	6	177.9	30	2013	6	174.6	30
2009	7	172.7	30	2013	7	168.3	31
2009	8	169.2	31	2013	8	162.8	31
2009	9	122.2	30	2013	9	125.6	30
2009	10	95.4	31	2013	10	95	31
2010	4	106.1	30	2014	4	67.8	18
2010	5	159.1	31	2014	5	150.7	31
2010	6	145.3	30	2014	6	145.3	30
2010	7	135.2	31	2014	7	177.8	31
2010	8	142.3	31	2014	8	135.8	31
2010	9	105.4	30	2014	9	123	30
2010	10	81.2	31	2014	10	97.4	31
2011	4	28.50	7	2015	4	89.7	22
2011	5	151.4	31	2015	5	145.4	30
2011	6	160.2	30	2015	6	153.5	30
2011	7	142.7	26	2015	7	176.6	31
2011	8	157.3	31	2015	8	136.9	31
2011	9	113.8	30	2015	9	113	30
2011	10	89.4	31	2015	10	90	31

4.2 20 cm 蒸发器水面蒸发数据集

4.2.1 概述

20 cm 水面蒸发器位于气象要素观测场附近的蒸发观测场内，自 1988 年起开展水面蒸发连续观测，距今已有 30 多年的观测历史。本数据集包括阿克苏站 2008—2015 年蒸发观测场 20 cm 水面蒸发器月蒸发量的观测数据（年、月、月蒸发量和有效数据），计量单位为 mm。

4.2.2 数据采集和处理方法

（1）观测方法。20 cm 水面蒸发器数据采集由人工观测完成，采样频率为每天 08 时、20 时观测 2 次，同时观测水温。每日 08 时和 20 时人工观测记录 20 cm 水面蒸发器的水位高度，计算前后两次水位高度差代表当日蒸发量。

（2）数据处理方法。

①观测辅助项目，可与水气压力差、气温和风速的日平均值进行对照。水气压力差、气温和风速愈大，则水面蒸发量愈大。逐日水面蒸发量与逐日气温、风速进行对照，对突出偏大、偏小确属不合理的水面蒸发量，参照有关因素和邻站资料进行改正。

②当缺测日的天气状况前后大致相似时，根据前后观测值直线内插获得缺测日蒸发量数据；若连续缺测日较多时，利用当历年积累的 20 m^2 或 E601 蒸发器数据与 20 cm 蒸发器数据比分析所得的系数进行换算补漏数据。

③利用质量控制后的日蒸发量数据累加形成月数据。

4.2.3 数据质量控制和评估

（1）数据获取过程的质量控制。严格翔实地记录调查时间、核查并记录样地名称、代码，真实记录每日实测数据。另外，对于 20 cm 水面蒸发器的维护，严格参考水利行业标准《水面蒸发观测规范》（SD 265—1988）执行。

（2）规范原始数据记录的质量控制措施。原始数据记录是保证各种数据问题的溯源查询依据，要求做到：数据真实、记录规范、书写清晰、数据及辅助信息完整等。使用专用、规范印制的数据记录表和记录本，根据本站调查任务制定年度工作调查记录本，按照调查内容和时间顺序依次排列，装订、定制成本。使用铅笔或黑色碳素笔规范整齐填写，原始数据不得删除或涂改，如记录或观测有误，需将原有数据轻画横线标记，并将审核后的正确数据记录在原数据旁或备注栏，并签名。

（3）数据质量评估。将所获取的数据与各项辅助信息数据以及历史数据信息进行比较和阈值检查，评价数据的正确性、一致性、完整性、可比性和连续性，对监测数据超出历史数据阈值范围的进行校验，剔除无效或数值明显超出范围的数据项。经过水分监测负责人和站长审核认定，批准后上报。

4.2.4 数据价值、数据使用方法和建议

水面蒸发是水文循环的一个重要环节，也是研究陆面蒸发的基本参数，在水资源评价、水文模型和地气能量交换过程研究中是重要的参考资料。

阿克苏站地处极端干旱区，长期的水面蒸发观测数据能反映极端干旱区的水面蒸发特征，不仅对当地农业生产、科研和教学工作具有重要的参考价值，而且对于水面蒸发的联网研究更具有重要意义。

4.2.5 数据

20 cm 蒸发皿月蒸发量数据见表 4-2。

表 4-2　20 cm 蒸发皿月蒸发量

年份	月份	月蒸发量（mm）	有效数据（条）	年份	月份	月蒸发量（mm）	有效数据（条）
2008	1	13.6	31	2011	3	92.5	31
2008	2	32.2	29	2011	4	231.7	30
2008	3	150.6	31	2011	5	295.9	31
2008	4	237.9	30	2011	6	321.6	30
2008	5	352.64	31	2011	7	318	31
2008	6	353.9	30	2011	8	267.31	31
2008	7	267.6	31	2011	9	189.8	30
2008	8	267	31	2011	10	125.8	31
2008	9	195.8	30	2011	11	47.9	30
2008	10	118.9	31	2011	12	18.5	31
2008	11	46.1	30	2012	1	16.2	31
2008	12	22.2	31	2012	2	35	29
2009	1	24.8	31	2012	3	99.4	31
2009	2	45.2	28	2012	4	249.9	30
2009	3	140.7	31	2012	5	337.1	31
2009	4	256.3	30	2012	6	308.3	30
2009	5	329.5	31	2012	7	281.1	31
2009	6	353	30	2012	8	275.5	31
2009	7	317.3	31	2012	9	207.2	30
2009	8	269.7	31	2012	10	143.3	31
2009	9	190.7	30	2012	11	44.1	30
2009	10	132.3	31	2012	12	19.1	31
2009	11	39.6	30	2013	1	20.8	31
2009	12	19.6	31	2013	2	39.8	28
2010	1	24	31	2013	3	139	31
2010	2	34.6	28	2013	4	256.1	30
2010	3	117.2	31	2013	5	319.1	31
2010	4	217.3	30	2013	6	322.8	30
2010	5	301.7	31	2013	7	293.5	31
2010	6	283.8	30	2013	8	283.6	31
2010	7	267.6	31	2013	9	194.9	30
2010	8	274.6	31	2013	10	146.72	31
2010	9	159.6	30	2013	11	43.6	30
2010	10	115.2	31	2013	12	19.6	31
2010	11	45.6	30	2014	1	25.9	31
2010	12	18.9	31	2014	2	41.9	28
2011	1	20.5	31	2014	3	121	31
2011	2	39.4	28	2014	4	240	30

（续）

年份	月份	月蒸发量（mm）	有效数据（条）	年份	月份	月蒸发量（mm）	有效数据（条）
2014	5	318.7	31	2015	3	139.3	31
2014	6	289.6	30	2015	4	238	30
2014	7	426.7	31	2015	5	305.2	31
2014	8	244.5	31	2015	6	288.4	29
2014	9	182.3	30	2015	7	326.6	31
2014	10	141.5	31	2015	8	236.1	31
2014	11	36.9	30	2015	9	170.4	30
2014	12	18.9	31	2015	10	135.1	31
2015	1	23.7	31	2015	11	49	30
2015	2	39.5	28	2015	12	19.6	31

参 考 文 献

胡波，刘广仁，王跃思，等，2019. 陆地生态系统大气环境观测指标与规范［M］. 北京：中国环境出版集团.

潘贤章，郭志英，潘恺，等，2019. 陆地生态系统土壤观测指标与规范［M］. 北京：中国环境出版集团.

孙鸿烈，于贵瑞，欧阳竹，等，2010. 中国生态系统定位观测与研究数据集：农田生态系统卷［新疆阿克苏站（1999—2007）］［M］. 北京：中国农业出版社.

吴冬秀，张琳，宋创业，等，2019. 陆地生态系统生物观测指标与规范［M］. 北京：中国环境出版集团.

袁国富，朱治林，张心昱，等，2019. 陆地生态系统水环境观测指标与规范［M］. 北京：中国环境出版集团.

图书在版编目（CIP）数据

中国生态系统定位观测与研究数据集．农田生态系统卷．新疆阿克苏站：2008-2015 / 陈宜瑜总主编；郝兴明，盛钰主编．—北京：中国农业出版社，2023.6
ISBN 978-7-109-30689-9

Ⅰ．①中…　Ⅱ．①陈…　②郝…　③盛…　Ⅲ．①生态系－统计数据－中国②农田－生态系－统计数据－阿克苏－2008－2015　Ⅳ．①Q147②S181

中国国家版本馆 CIP 数据核字（2023）第 081897 号

ZHONGGUO SHENGTAI XITONG DINGWEI GUANCE YU YANJIU SHUJUJI

中国农业出版社出版
地址：北京市朝阳区麦子店街 18 号楼
邮编：100125
责任编辑：李昕昱　文字编辑：刘金华
版式设计：李　文　责任校对：周丽芳
印刷：北京印刷一厂
版次：2023 年 6 月第 1 版
印次：2023 年 6 月北京第 1 次印刷
发行：新华书店北京发行所
开本：889mm×1194mm　1/16
印张：12
字数：355 千字
定价：88.00 元

版权所有·侵权必究
凡购买本社图书，如有印装质量问题，我社负责调换。
服务电话：010－59195115　010－59194918